essentials

essentials liefern aktuelles Wissen in konzentrierter Form. Die Essenz dessen, worauf es als „State-of-the-Art" in der gegenwärtigen Fachdiskussion oder in der Praxis ankommt. *essentials* informieren schnell, unkompliziert und verständlich

- als Einführung in ein aktuelles Thema aus Ihrem Fachgebiet
- als Einstieg in ein für Sie noch unbekanntes Themenfeld
- als Einblick, um zum Thema mitreden zu können

Die Bücher in elektronischer und gedruckter Form bringen das Expertenwissen von Springer-Fachautoren kompakt zur Darstellung. Sie sind besonders für die Nutzung als eBook auf Tablet-PCs, eBook-Readern und Smartphones geeignet. *essentials:* Wissensbausteine aus den Wirtschafts-, Sozial- und Geisteswissenschaften, aus Technik und Naturwissenschaften sowie aus Medizin, Psychologie und Gesundheitsberufen. Von renommierten Autoren aller Springer-Verlagsmarken.

Weitere Bände in der Reihe http://www.springer.com/series/13088

Manfred Raff

Membranverfahren bei künstlichen Organen

Transportmodelle zur Auslegung
extrakorporaler Verfahren

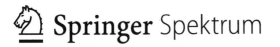 Springer Spektrum

Manfred Raff
Bisingen, Deutschland

ISSN 2197-6708   ISSN 2197-6716   (electronic)
essentials
ISBN 978-3-658-28052-9   ISBN 978-3-658-28053-6   (eBook)
https://doi.org/10.1007/978-3-658-28053-6

Die Deutsche Nationalbibliothek verzeichnet diese Publikation in der Deutschen Nationalbibliografie; detaillierte bibliografische Daten sind im Internet über http://dnb.d-nb.de abrufbar.

Springer Spektrum
© Springer Fachmedien Wiesbaden GmbH, ein Teil von Springer Nature 2019

Springer Spektrum ist ein Imprint der eingetragenen Gesellschaft Springer Fachmedien Wiesbaden GmbH und ist ein Teil von Springer Nature.
Die Anschrift der Gesellschaft ist: Abraham-Lincoln-Str. 46, 65189 Wiesbaden, Germany

Was Sie in diesem *essential* finden können

- Grundlagen zur Herstellung und Charakterisierung von Polymer-Membranen
- Modelle zur Beschreibung des Stofftransports durch Membranen (Porenmodell, Grenzschichtmodelle für Crossflow- und Gegenstrom-Verfahren)
- Anwendung der Modelle auf Extrakorporale Behandlungsverfahren mit Membranmodulen für die „Künstliche Niere", die „Künstliche Leber" und die „Künstliche Lunge"

Vorwort

Der wissenschaftliche Schwerpunkt meines Berufslebens ist die Membrantechnologie.

Als Mitarbeiter der Firma Gambro Dialysatoren (heute Baxter) habe ich mich zwischen 1982 und 1991 mit Forschung, Entwicklung und Produktion von Membranen und Modulen für die Dialyse, die Plasmapherese und die Oxygenation beschäftigt. Ich möchte die Gelegenheit nutzen, mich bei den Firmen Baxter und Fresenius für die Unterstützung mit Literatur, Broschüren und Bildern für dieses Buch herzlich zu bedanken

Zwischen 1991 und 2014 war ich Hochschullehrer an der Hochschule Furtwangen (HFU) zunächst im „Fachbereich Verfahrenstechnik", später in den Fakultäten „Maschinenbau und Verfahrenstechnik" und „Medical and Life Sciences". In Kooperation mit der Industrie habe ich während dieser Zeit verschiedene Membranprojekte durchgeführt und das Thema Membranverfahren in Wahl- und Pflichtvorlesungen in der Bachelor- und Masterausbildung angeboten. Seit dem 1.9. 2014 bin ich Pensionär und Lehrbeauftragter an der HFU, Campus Schwenningen und an der DHBW Horb.

Da ich mit der Abgabe des Skripts zu diesem Büchlein meine berufliche Karriere beenden werde, möchte ich mich ganz besonders bei meiner Frau Monika dafür bedanken, dass Sie mich immer tatkräftig unterstützte, im Beruf meine Träume leben zu dürfen.

Manfred Raff

Inhaltsverzeichnis

Einleitung 1

Die Zahl der postmortalen Organspender in Deutschland ist 2018 erstmals seit 2012 wieder deutlich gestiegen (von 797 Spendern 2017 auf 955 Spender 2018), aber für die 5000 Menschen, die auf ein Spender-Organ (Niere, Leber, Lunge, Herz, …) warten, bei weitem nicht ausreichend (s. Organspende o. J.).

Dass der akute Mangel nicht den Tod vieler Patienten bedeutet, ist dem Umstand zu verdanken, dass **Künstliche Organe (KO)** zur Verfügung stehen. Durch Nahrungsaufnahme und Atmung werden die Konzentrationen von Blut-inhaltstoffen so verändert, dass diese ohne Einregulierung auf einen gesunden Konzentrationsbereich tödliche Folgen hätten. **KO** müssen also Blut-Inhaltsstoffe austauschen können, um die Homöostase, den Gleichgewichtszustand des offenen dynamischen Systems Blutkreislauf, zu gewährleisten.

Die ingenieurwissenschaftliche Disziplin, welche sich mit Stoffänderungs-techniken beschäftigt ist die Verfahrenstechnik (VT). Man unterscheidet dabei Verfahren, bei denen Art, Eigenschaft und Zusammensetzung verändert werden. Die **Stoff-Art** ändert sich nur durch Reaktion. **Stoff-Eigenschaften,** wie warm/kalt, klein/groß oder flüssig/gasförmig können durch mechanische oder thermi-sche Einwirkung verändert werden. Die **Stoff-Zusammensetzung** ändert sich dadurch, dass Komponenten aus Gemischen separiert werden. Erfolgen die Zusammensetzungs-Änderungen bei mehrphasigen, dispersen Gemischen, wie z. B. bei der Trennung der Blutzellen vom Blutplasma, so sind diese Trennver-fahren der **Mechanischen Verfahrenstechnik (MVT)** zugeordnet. Werden hin-gegen einphasige, homogene Gemische in Ihrer Zusammensetzung verändert, wie z. B. bei der Separation von Proteinen aus Blut-Plasma zur Herstellung von Serum, so fallen diese in den Bereich der **Thermischen Verfahrenstechnik (TVT).**

© Springer Fachmedien Wiesbaden GmbH, ein Teil von Springer Nature 2019
M. Raff, *Membranverfahren bei künstlichen Organen*, essentials,
https://doi.org/10.1007/978-3-658-28053-6_1

Bei den in diesem *essential* ausgewählten Beispielen „**Künstliche Niere**", „**Künstliche Leber**" und „**Künstliche Lunge**" werden jeweils die Konzentrationen gelöster Blut-Komponenten verändert und sind folglich mit den Methoden der TVT zu beschreiben.

Bei allen extrakorporalen Verfahren werden Monitore (die sog. Hardware) eingesetzt, welche mit Aggregaten, wie Schlauchpumpen, Ventilen, Wärmetauscher, etc., mit Sensoren für Temperatur, Druck, Durchfluss, etc. und mit Elektronik für MSR-Aufgaben ausgestattet sind. Als Software bezeichnet man die Blutschläuche mit Nadeln für den Zugang am Patienten und die Membran-Module, in welchen der gewünschte Stoffaustausch stattfindet. Als Beispiel zeigt Abb. 1.1 Hard- und

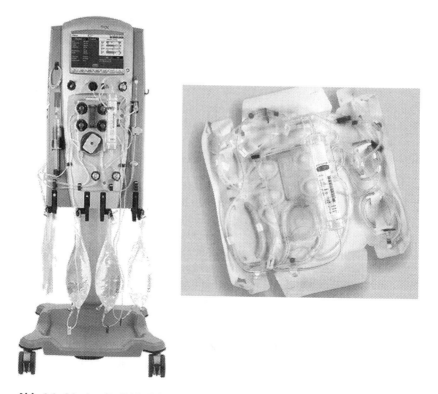

Abb. 1.1 Monitor für Critical Care Patienten (linkes Foto, Quelle: Baxter (o. J. a)) und ein Hemofilter-Set (rechtes Foto, Quelle: Baxter (o. J. b)), mit freundlicher Genehmigung von Baxter International Inc.

Software von Baxter zur Behandlung von Patienten mit akuter Niereninsuffizienz durch kontinuierliche veno-venöse Hemofiltration (s. Abschn. 4.1.2).

In diesem *essential* werden die Funktionen von Monitoren nur im Zusammenhang mit der Beschreibung der jeweiligen Verfahren erläutert. Der Schwerpunkt liegt auf der Erläuterung der organspezifischen Funktionen und wie diese mit Membran-Modulen realisiert werden.

Membranen und Module

Membranen, wie sie in Künstlichen Organen eingesetzt werden, haben überwiegend die Form eines Röhrchens, einer Hohlfaser, und werden als Bündel mit vielen tausend Fasern in Gehäuse eingebaut. Abb. 2.1 zeigt das Schema eines Hohlfaser-Moduls, in welchem eine Faser das gesamte Membran- Bündel repräsentiert. Durch Vergießen der Hohlfasern z. B. mit Polyurethan (PUR), gegeneinander und zum Gehäuse hin, werden zwei durch die Membran getrennte Räume im Modulgehäuse gebildet, einerseits die Feed-/Retentat-Seite, andererseits die Filtrat-/Permeat-Seite.

Als Membranfläche wird i. d. R. die dem Blut zugewandte freie, effektive Membran-Fläche A^M gewählt. Dies ist die innere Oberfläche aller Hohlfasern, die sich errechnet aus:

$$A^M = N \cdot \pi \cdot d_{in} \cdot L_{eff} \qquad (2.1)$$

N ist die Anzahl der Hohlfasern im Modul, d_{in} der Innerdurchmesser und L_{eff} die Länge einer Hohlfaser, die zwischen den beiden Eingüssen liegt.

Bei der in Abb. 2.1 gezeigten Anwendung strömt eine zu reinigende Flüssigkeit (z. B. Blut vom Patienten) auf der Feedseite in das Modul, verteilt sich im feedseitigen Gehäusedeckelraum auf die Hohlfasern, durchströmt diese bis zum retentatseitigen Gehäusedeckelraum, aus welchem das gereinigte Retentat (z. B. Blut zum Patienten) das Modul verlässt. Wenn, wie bei der Hämodialyse, eine „Waschlösung" den Filtraraum im Gegenstrom zum Blut durchströmt, wird der Permeat-Volumenstrom gemeinsam mit dem Dialysat-Strom $\left(\dot{V}_{aus}^D = \dot{V}_{ein}^D + \dot{V}^P \right)$ ausgetragen. Die Hämodialyse ist folglich ein Gegenstromverfahren, bei dem gelöste, permeable Komponenten mit dem Permeat-Volumenstrom sowohl konvektiv als auch entlang eines Konzentrationsgradienten diffusiv durch die Membran transportiert werden.

© Springer Fachmedien Wiesbaden GmbH, ein Teil von Springer Nature 2019
M. Raff, *Membranverfahren bei künstlichen Organen*, essentials,
https://doi.org/10.1007/978-3-658-28053-6_2

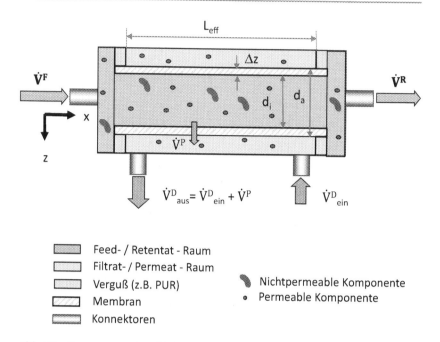

Feed- / Retentat - Raum
Filtrat- / Permeat - Raum
Verguß (z.B. PUR)   Nichtpermeable Komponente
Membran   Permeable Komponente
Konnektoren

Abb. 2.1 Komponenten eines Moduls mit Hohlfasermembranen Beispiel Gegenstromverfahren Dialyse. (Eigene Darstellung)

Bei der Oxygenation wird Blut i. d. R. außerhalb der Hohlfasern geführt, da dadurch eine mit dem Außendurchmesser einer Hohlfaser d_a zu berechnende, größere Austauschfläche zur Verfügung steht. Im Innern der Fasern strömt die Gasphase, in welcher einerseits Sauerstoff durch Absorption in die Flüssigphase übertritt, während Kohlendioxid aus der Flüssigphase desorbiert und mit der Gasphase abtransportiert wird (s. Abschn. 4.3).

Bei der Hämofiltration wird der Permeat-Volumenstrom ($\dot{V}^P$) durch die Hohlfasermembranen in den Filtratraum gedrückt und die permeablen gelösten Komponenten konvektiv abtransportiert. Die Hämofiltration ist ein Crossflow-Filtrationsverfahren (s. Abschn. 4.1.2).

Entscheidend für den Stoffaustausch bzw. die Stoffentfernung sind die Membran-Eigenschaften, die verfügbare Membranfläche eines Moduls, sowie die Betriebsweise. Zur Formulierung der Transportmodelle werden die Koordinaten parallel zur Membranoberfläche als x-Richtung, senkrecht zur Membranoberfläche als z-Richtung definiert.

2.1 Membran-Eigenschaften

Eine Membran (lat. membrana = Häutchen) ist eine dünne, semipermeable Schicht, welche bei Porenmembranen über Hohlräume, bei Lösungs-Diffusions-membranen über eine nichtporöse Membranphase Räume miteinander verbindet, und durch transmembranen Transport, die Zusammensetzung der anliegenden Phasen verändert.

Für Anwendungen in Künstlichen Organen sind die Membranen so auszulegen, dass wertvolle Blutinhaltstoffe (wie Proteine und Zellen) teilweise oder vollständig zurückzuhalten sind, während Schadstoffe aus dem Blut entfernt werden, und Hilfsstoffe (wie z. B. Bikarbonat bei der Dialyse, oder O_2 bei der Oxygenation) aus der anliegenden Phase ins Blut transportiert werden können. Zur Beschreibung der Semipermeabilität einer Membran definiert man die Rejektion R_i bzw. den Siebkoeffizient S_i einer Komponente „i" durch folgende Gleichung:

$$R_i = 1 - c_i^P / c_i^{I'} = 1 - S_i \qquad (2.2)$$

Erreicht die Permeat-Konzentration c_i^P die Feed-Konzentration $c_i^{I'}$, wird der Rückhalt $R_i = 0$, bzw. der Siebkoeffizient $S_i = 1$, was bedeutet, dass diese Komponente vollständig permeabel ist. Sofern eine Komponente vollständig zurückgehalten wird, ist die Permeat-Konzentration $c_i^P = 0$, $S_i = 0$ und $R_i = 1$.

Zur Beschreibung der Membran-Charakteristik nach diesem Kriterium werden die Rückhalte ausgewählter Komponenten unterschiedlicher Dimensionen experimentell ermittelt und über den Molmassen aufgetragen. Der sogenannte Molecular-Weight-Cutoff (MWCO) wird definiert durch die Molmasse der Komponente, die einen Rückhalt von $R_i = 0,9$ ergibt. In Abb. 2.2 ist die Rückhalte-Charakteristik einer Membran mit einem MWCO von 60 kD (1 D = 1 Dalton = 1 g/mol) dargestellt. Bei Anwendung einer derartigen Membran werden also Moleküle mit Molmassen größer 60.000 g/mol zu mehr als 90 % zurückgehalten. Moleküle mit Molmassen kleiner als etwa 100 g/mol passieren diese Membran ungehindert, weil sie kleiner sind, als die kleinsten Poren. Moleküle mit Molmassen zwischen 100 und etwa 200.000 g/mol können die Membran nur durch Poren, welche größer sind als das jeweilige Molekül, also die Membran nur teilweise permeieren, was bedeutet, dass der Rejektionskoeffizient zwischen 0 und 1 liegt ($0 < R_i < 1$). Die Steilheit derartiger Kurven resultiert aus der Porengrößen-Verteilung in einer Membran (je steiler die Kurven, umso enger ist die Porengrößen-Verteilung).

Überträgt man den MWCO von 60 kD in die Grafik in Abb. 2.3, erkennt man, dass diese Membran dem Bereich der Ultrafiltration (UF) zuzuordnen ist.

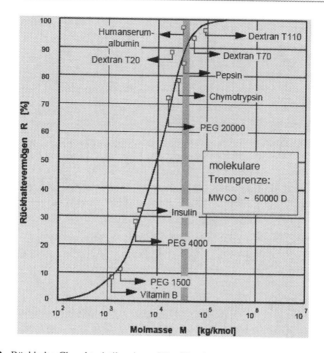

Abb. 2.2 Rückhalte-Charakteristik einer Ultrafiltrationsmembran (Quelle: Melin und Rautenbach 2007), mit freundlicher Genehmigung von Springer

Der Porengrößen-Bereich für UF-Membranen liegt zwischen 2 und 200 nm. Übertragen auf die Anwendung in Künstlichen Organen wäre eine solche Membran für die „Künstliche Niere" geeignet, da sie das Eiweiß Albumin (M(Alb) = 62.500 g/mol) weitgehend zurückhält und kleine Moleküle, wie Elektrolyt-Ionen, Harnstoff, Kreatinin usw. ungehindert durchlässt.

Membranen mit Poren zwischen 0,05 und 5 μm sind dem Bereich der Mikrofiltration (MF) zuzuordnen. Derartige Membranen werden zur Trennung von Suspensionen verwendet und eignen auch für die Plasmaspende und die Plasmapherese, da Proteine bis zu Molmassen größer 1000 kD diese Membran noch passieren, während alle Blutzellen zurückgehalten werden.

Die in diesen Bereichen von UF und MF verwendeten Membranen sind sogenannte Poren-Membranen, was bedeutet, dass der transmembrane Transport durch Strömung und/oder Diffusion in Poren stattfindet. Diese sind auch in REM-Aufnahmen mit entsprechender Vergrößerung (s. Abb. 2.5) gut zu erkennen.

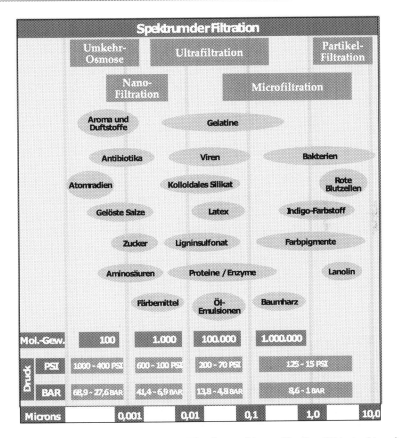

Abb. 2.3 Klassifikation von Crossflow-Filtrationsverfahren (Quelle: GEA (o. J.), mit freundlicher Genehmigung von GEA

Membranen mit „Öffnungen" kleiner als etwa 1 nm werden als nichtporöse oder Lösungs-Diffusions-Membranen definiert. Der Transport durch solche Membranen wird durch das sogenannte Lösungs-Diffusions-Modell beschrieben (s. Melin 2007). Dabei geht man davon aus, dass die Membran sich wie eine reale Flüssigkeit verhält, in der sich permeable Komponenten lösen, entlang eines Konzentrationsgefälles diffusiv durch die Membran transportiert werden und permeatseitig in die anliegende Phase desorbieren. Solche Membranen auf Silikon- und Cellulosebasis wurden in den ersten Membran-Oxygenatoren eingesetzt, jedoch wegen geringer Permeabilität für O_2 und CO_2 Mitte der 1980er-Jahre durch mikroporöse, hydrophobe Membranen ersetzt, die ein Benetzen der Poren durch Plasma verhindern, Gase aber widerstandslos passieren lassen. Auch die ersten cellulosischen Dialyse-Membranen (Cuprophan, Enka, Wuppertal) hatten Lösungs-Diffusions-Charakteristik, wurden aber ebenfalls in den 1970/1980er-Jahren durch poröse Membranen ersetzt, weil einerseits Probleme in der Blutverträglichkeit (Biokompatibilität) von regenerierter Cellulose auftraten (Leukopenie und Komplementaktivierung), andererseits die Durchlässigkeit für sogenannte Mittelmoleküle (Molmassen zwischen 5 und 15 kD) nicht gegeben, aber als sinnvoll erkannt worden war (s. Abschn. 4.1).

Da auch für die „Künstliche Leber" sowohl im MARS-System von Baxter, als auch im PROMETHEUS-System von Fresenius poröse Membranen eingesetzt werden (s. Abschn 4.2), wird in diesem *essential* auf die Modellierung des Stofftransports in Lösungs-Diffusions-Membranen verzichtet.

2.2 Herstellung von Kapillarmembranen und -Modulen

Technische Membranen wurden bis Mitte des letzten Jahrhunderts überwiegend als Flachmembranen hergestellt. Auch die ersten Dialysatoren, Mitte der 1950er-Jahre, wurden mit Flachmembran – „Blättern" und Platzhaltern (Spacer) gestapelt und aufwändig abgedichtet. Die Herstellung der Membranen erfolgt heute i. w. nach dem Phaseninversions-Verfahren. Für experimentelle Flachmembranen wird dazu eine dünne Schicht einer Polymerlösung auf eine Glasplatte gestrichen und in ein Fällbad mit einem „Nichtlösemittel" für das Polymer getaucht. Durch diffusiven Austausch von Lösemittel und Fällmittel (Nichtlösemittel) zwischen den beiden Flüssigphasen wird bei Erreichen der Löslichkeitsgrenze Polymer ausfallen. Die zunächst an der Grenzfläche zwischen Polymerfilm und Nichtlösemittel entstehende feste Phase ist die entstehende Membran. Durch Variation der System-Komponenten (Polymer, Lösemittel, Fällmittel) und/oder der Fäll-Bedingungen (Temperatur, Druck, Feuchte, etc.) sind vielfältige Membranstrukturen herstellbar.

Die Baxter-Membran für die Highflux-Dialyse (s. Abb. 2.5) ist, wie die große Mehrheit der Membranen, die in Künstlichen Organen eingesetzt werden, eine Kapillar-Membran. Um diese Form zu erhalten, kommen Spinndüsen zum Einsatz, durch welche einerseits die hochviskose Polymerlösung als „Schlauch", andererseits das Fällmittel im Lumen des Schlauches extrudiert werden. Abb. 2.4 zeigt den Spinnprozess bis zum Aufbau von Hohlfaser-Membranbündeln in den Kassetten des Wickelrads. Die nach der Spinndüse und im Fällbad entstehenden

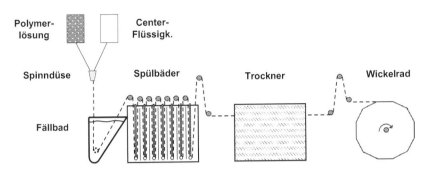

Abb. 2.4 Schema des Spinnprozesses zur Herstellung von Hohlfasermembranen nach dem Phaseninversionsprozess. (Eigene Darstellung)

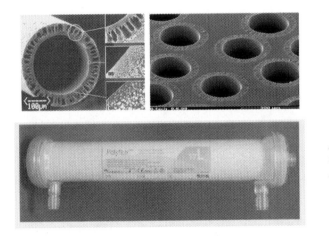

Abb. 2.5 Dialysator Polyflux 17 L mit REM-Aufnahmen der darin eingesetzten Hohlfasermembran und einem Foto des Vergusses der Hohlfasern mit PUR, mit freundlicher Genehmigung von Baxter International Inc

Hohlfasermembranen werden in Folgebehandlungen (Spülbäder, Trockner) von Lösemittel befreit, getrocknet und bei Bedarf, z. B. zur Verbesserung des Bündelaufbaus, zur Vergrößerung der Austauschfläche oder zur Vermeidung von Faserbruch durch Schrumpfen gekräuselt (onduliert). Abschließend werden die Hohlfasern mehrerer, parallel betriebener Düsen auf dem Wickelrad zu Membranbündeln mit mehreren tausend Fasern je Bündel verarbeitet. Das Wickelrad ist in gleiche Abschnitte unterteilt, die mit Kassetten bestückt sind, in welche die Fasern für einen gewünschten Bündelaufbau parallel oder sich kreuzend abgelegt werden. Sobald die gewünschte Anzahl Fasern für ein Bündel erreicht ist, wird der Faserstrang auf ein 2. Wickelrad überführt und die Kassetten mit den Bündeln des 1. Wickelrads können zur Übertragung in die Modulgehäuse einem entsprechenden Automaten zugeführt werden.

Die Weiterverarbeitung der Membran-Bündel zu sogenannten Modulen erfolgt im Wesentlichen durch Abdichtung der einzelnen Fasern auf Eintritts- und Austrittsseite gegenseitig und zur Modul-Gehäusewand mit einem Polyurethan (PUR)-Kleber, durch Nachbehandlungsschritte zur Reinigung und zur Überprüfung der Dichtigkeit von Membranen und Modul, durch Aufbringen von Deckeln mit geeigneten Konnektoren für Blutschläuche (sog. Luer-Lock-Verbindungen) und durch abschließende Verpackung und Sterilisation.

Art und Anzahl der Anschlüsse an einem Modulgehäuse hängen von der jeweiligen Anwendung ab. Für Gegenstromverfahren, wie bei der Dialyse und der Oxygenation, werden sowohl auf Blut-, als auch auf Dialysat- bzw. Gasgemisch-Seite jeweils zwei Anschlüsse für Zu- und Ablauf notwendig. Beim Crossflow-Filtrations-Verfahren Hämofiltration benötigt man nur einen Ablauf aus dem Filtrat-Raum.

Der Querschnitt der Baxter-Membran (s. Abb. 2.5) ist asymmetrisch. Auf der Innenseite der Hohlfaser entsteht durch die Phaseninversion eine etwa 3 bis 10 μm dicke Schicht aus Polymerkügelchen deren Durchmesser in der REM-Aufnahme mit der stärksten Vergrößerung deutlich im Submikron-Bereich also etwa bei 20 bis 200 nm liegen.

Ab etwa 10 μm Wandstärke geht die „Kügelchen-Schüttung" allmählich in eine schwammartige Struktur über. Diese Struktur entsteht dadurch, dass die Membran primär von innen nach außen gefällt wird, und die Löslichkeitsgrenze zuerst an der Kontaktfläche zwischen Polymerlösung und Nichtlösemittel erreicht wird. Erst allmählich diffundiert Nichtlösemittel durch die sich bildende Polymer-Kugelschüttung in die Polymerlösung dahinter und so entsteht zeitversetzt dort eine feste, schaumartige Polymerphase. Die Wand dieser Hohlfaser ist insgesamt etwa 45 μm stark, wobei das etwa 5 bis 10 μm dicke „Kügelchen-Haufwerk", die sogenante Skin, maßgebend ist für die Membran-Charakteristik. Die etwa 35 μm dicke Schwammschicht bestimmt die mechanische Festigkeit und damit die Verarbeitbarkeit (zulässige Spinngeschwindigkeit) der Membran. Der Innendurchmesser dieser Membran beträgt etwa 210 μm. Hohlfasermembranen mit sehr geringen Wandstärken zu spinnen ist schwierig und unwirtschaftlich, weil nicht angepasste Zugkräfte des Wickelrads dünne Schläuche zerreißen und den kontinuierlichen Spinn-Prozess unterbrechen würden. Bei erprobten Prozessen läuft eine Spinnmaschine mit mehr als 200 Spinndüsen rund um die Uhr, in fünf Schichten, sieben Tage die Woche und wird nur eine Woche pro Jahr zu Reinigung und vorbeugender Instandhaltung außer Betrieb genommen. Bei der Baxter-Membran erkennt man auch eine äußere „Skin", welche kompakter ist, als die Schwammstruktur. Diese wird durch Injektion von Wasserdampf in den Spinnschacht erzeugt, da der Dampf im Kontakt mit der Außenseite des extrudierten Polymerlösungs-Schlauchs im Spinnschacht kondensiert und zur Koagulation des noch flüssigen, äußeren Polymerfilms führt.

Stofftransport-Modelle über Membranen

3

Die in der Verfahrenstechnik (= Stoffänderungstechnik) angewandten Grund-operationen lassen sich nach Kraume (2012) auf Vorgänge durch Energie-, Impuls- und Stoffaustausch zurückführen. Für die hier behandelten Anwendungen spielt der Energieaustausch eine untergeordnete Rolle. Ganz wesentlich hingegen sind Ströme für molekularen und konvektiven Impuls- und Stoffaustausch. Für diese werden im Folgenden an einem sogenannten Membran-Element, bei einer Hohlfaser ein Membranring mit einer differenziellen Länge dx, anwendungs-spezifische, lokale Zusammenhänge abgeleitet, die durch Integration über die effektive Länge einer Hohlfaser zu den jeweiligen Transportgleichungen für die gesamte verarbeitete Membranfläche im Modul führen.

Da bei Prozessen mit Künstlichen Organen keine Verschaltung mehrerer gleicher Membran-Module erfolgt, genügt es zur Bewertung des jeweiligen Prozesses/Behandlungserfolgs die Leistungsfähigkeit nur eines Moduls zu beschreiben. Leistungsfähigkeit bei „Künstlichen Organen" bedeutet, möglichst hohe Entfernungsraten von Zielkomponenten zu erreichen. Bei Behandlungen an der „Künstlichen Niere" wird beispielsweise angestrebt, die über 2 bis 3 Tage im Patienten angereicherten, harnträchtigen Substanzen so zu reduzieren, dass nach einer Behandlungszeit von 3 bis 5 h ein Level erreicht wird, wie er sich bei Menschen mit gesunden Nieren im Tagesmittel einstellt.

Zur Einteilung der von der Betriebsweise abhängigen Verfahren unterscheidet man Modelle, bei denen die Transportwiderstände einerseits durch die Membranstruktur, andererseits durch Grenzschichten bestimmt werden (vgl. Abb. 3.1).

Beim **membrankontrollierten Stofftransport** bleibt hier aus den o. g. Gründen das „Lösungs-Diffusions-Modell" für nichtporöse Membranen unberücksichtigt und es wird nur auf das Modell der heute in Künstlichen Organen verwendeten Membranen eingegangen, das sogenannte Porenmodell.

© Springer Fachmedien Wiesbaden GmbH, ein Teil von Springer Nature 2019
M. Raff, *Membranverfahren bei künstlichen Organen*, essentials,
https://doi.org/10.1007/978-3-658-28053-6_3

Membrankontrollierter Stofftransport	Grenzschichtkontrollierter Stofftransport
Poren Modell für poröse Membranen Strömung in Poren nach der Karman-Kozeny Gleichung	**Konzentrations Polarisations Modell im Crossflow-Verfahren** Transport innerhalb einer Grenzschicht impermeabler Komponenten
Lösungs-Diffusions-Modell für nicht poröse Membranen Absorption einer Komponente aus der Feed- in der Membran-Phase, Diffusion durch die Membran- und Desorption in die Permeat-Phase	**Konzentrations Polarisations Modell im Gegenstrom-Verfahren** Transport in Grenzschichten permeabler Komponenten und in der Membranphase

Abb. 3.1 Einteilung der Modelle für den Stofftransport durch Membranen. (Eigene Darstellung)

Die REM-Aufnahme einer Porenmembran (vgl. Abb. 2.5) zeigt Hohlräume (die Poren) in denen nach Anlegen eines Druckgradienten (eines Trans-Membrane-Pressure: TMP) Fluid und darin gelöste, permeable Komponenten von der Feed- auf die Permeat-Seite transportiert werden. Bei niedrigem TMP und demzufolge geringem Permeat-Fluss, werden im Fluid enthaltene, impermeable Komponenten und Partikel sich nicht an der Membranoberfläche anreichern, sodass der **Transportwiderstand vorwiegend durch die Membran selbst bestimmt** wird (membrankontrollierter Stofftransport). Die Ergebnisse der Herleitungen in Abschn. 3.1 werden zeigen, inwiefern Eigenschaften der Membran, Abmessungen des Membranbündels im Modul und Stoff- und Betriebsgrößen die Zielgrößen beeinflussen.

Konzentrations – Grenzschichten, Bereiche, innerhalb derer sich die Konzentrationen gelöster Moleküle verändern, bilden sich einerseits, wenn beim Crossflow-Verfahren Makromoleküle vollständig oder auch nur teilweise zurückgehalten werden (s. Abschn. 3.2), andererseits, wenn im Gegenstromverfahren permeable Moleküle vorwiegend diffusiv durch die Membran transportiert werden (s. Abschn. 3.3). Diese Grenzschichten bewirken Stofftransport-Widerstände, die deutlich größer sein können, als der Membran-Widerstand. Entsprechend sind bei **grenzschichtkontrolliertem Stofftransport** Modelle zu entwickeln, welche die **Transportwiderstände in den Grenzschichten** beschreiben.

Bei allen Modellen geht man davon aus, dass die Eigenschaften der gesamten im Modul verarbeiteten Membranfläche ortsunabhängig, dieselben bleiben und sich daher auch am differenziell kleinen Membranelement, irgendwo im Modul, beschreiben lassen.

3.1 Membrankontrollierter Stofftransport, Porenmodell

Die etwa 5 bis 10 μm dicke Schicht, der in Abb. 2.5 dargestellten Baxter-Membran, die sog. „Skin", ist der Bereich, welcher den Transportwiderstand für die transmembranen Volumen- und Massen-Ströme durch diese Art von Membranen darstellt. Bei entsprechender Vergrößerung der REM-Aufnahme ist zu erkennen, dass die Poren in dieser „Skin" Hohlräume zwischen den bei der Fällung entstandenen Polymer-Partikeln sind. Poren sind in einer solchen Struktur keine kreisförmigen Kanäle und lassen sich auch nicht durch einfache geometrische Gleichungen beschreiben. Für solche von der Kreisform abweichende Querschnitte werden Äquivalenzdurchmesser, wie der auf den Kreisquerschnitt bezogene hydraulische Durchmesser, gemäß Gl. (3.1) definiert.

$$d_h^M = 4 \cdot A_q \big/ U = 4 \cdot A_q \cdot \Delta z^M \big) \big/ (U \cdot \Delta z^M) = 4 \cdot V^G \big/ A^S \qquad (3.1)$$

Dabei ist V^G das Hohlraumvolumen zwischen den Polymerpartikeln und A^S die Oberfläche des Feststoffs (der Polymerpartikel). Zur Beschreibung der Porenlänge, die größer ist, als die Dicke der Partikelschicht Δz^M, bedient man sich des Korrekturfaktors Tortuosität und berechnet die Porenlänge Z_{por}^M aus dem Produkt von Tortuosität μ^M und Dicke der Skin Δz^M.

$$Z_{por}^M = \mu^M \cdot \Delta z^M \qquad (3.2)$$

Die differenzielle Fläche eines Hohlfaser-Membranelements, mit dem Innendurchmesser d_{in} der Hohlfaser und der differenziellen Länge des Elements dx berechnet sich zu:

$$dA^M = \pi \cdot d_{in} \cdot dx \qquad (3.3)$$

Das Membranelement in einer Hohlfasermembran ist also ein dünner poröser Ring (schematischer Querschnitt durch diesen „Membran"-Ring, s. Abb. 3.2), durch dessen Poren der differenzielle Permeat-Volumenstrom $d\dot{V}^P$ strömt.

Dieser errechnet sich aus dem Produkt der Strömungsgeschwindigkeit in den Poren w_{x*}^P und dem differenziellen Porenquerschnitt dA^G im Membranelement, oder aus dem Produkt der Volumenstromdichte $\dot{v}_{x*}^P$ und der inneren Oberfläche des Membranelements dA^M.

$$d\dot{V}^P = w_{x*}^P \cdot dA^G = \dot{v}_{x*}^P \cdot dA^M, \qquad (3.4)$$

Der Index x^* kennzeichnet den Ort in einer Hohlfaser, an dem das Membranelement ausgewählt ist. Alle Größen mit diesem Index sind daher lokale Größen

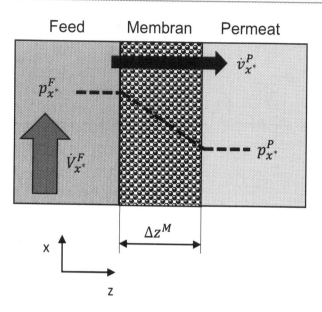

Abb. 3.2 Porenmodell, Schnitt durch ringförmiges Hohlfaser-Membranelement. (Eigene Darstellung)

für das Membranelement. Der Quotient aus dem gesamtem Porenquerschnitt und der inneren Oberfläche des Membranelements ist die Oberflächenporosität.

$$\varepsilon^M = dA^G / dA^M \tag{3.5}$$

Die treibende Kraft für den differenziellen Permeat-Volumenstrom $d\dot{V}^P$ ist die transmembrane Druckdifferenz TMP_{x^*}, die sich aus der Differenz des feedseitigen Drucks $p_{x^*}^F$ und des permeatseitigen Drucks $p_{x^*}^P$ ergibt. Diese kann mit der Gleichung für den Druckverlust in laminar durchströmten Kanälen auch für die Strömung durch Poren im Membranelement berechnet werden, wenn die, für eine Polymerpartikel-Schüttung charakteristischen, geometrischen Größen eingesetzt werden.

$$TMP_{x^*} = p_{x^*}^F - p_{x^*}^P = \lambda_{x^*} \cdot \varrho^L / 2 \cdot \left(w_{x^*}^P\right)^2 \cdot Z_{Por} / d_h \tag{3.6}$$

ρ^L ist die Dichte der permeierenden Liquidphase, λ_{x^*} der Reibungsfaktor, welcher sich bei laminarer Porenströmung aus

$$\lambda_{x^*} = 64 \big/ Re_{Por,x^*} \tag{3.7}$$

errechnet. Dabei ist die Reynoldszahl Re_{Por,x^*} eine dimensionslose Kenngröße zur Charakterisierung der Strömungsart in den Porenkanälen, welche für diese nicht kreisförmigen Kanäle wie folgt definiert ist:

$$Re_{Por,x^*} = w_{x^*}^P \cdot d_h^M \cdot \varrho^L \big/ \eta^L \tag{3.8}$$

Die charakteristische Abmessung ist hier der hydraulische Durchmesser d_h^M (vgl. Gl. 3.1). Die Strömungsgeschwindigkeit in den Poren $w_{x^*}^P$ errechnet sich mit den Gl. (3.4 und 3.5) zu:

$$w_{x^*}^P = d\dot{V}^P \big/ \left(\varepsilon^M \cdot dA^M \right) = \dot{v}_{x^*}^P \big/ \varepsilon^M \tag{3.9}$$

Daraus ergibt sich für den Transmembrandruck:

$$TMP_{x^*} = 32 \cdot \mu^M \cdot \Delta z^M \cdot \eta^L \cdot \dot{v}_{x^*}^P \big/ \left(\varepsilon^M \cdot \left(d_h^M \right)^2 \right) \tag{3.10}$$

Werden alle, die Membran kennzeichnenden Größen in Gl. (3.10) zum hydraulischen Membranwiderstand R_h^M zusammengefasst, gemäß:

$$R_h^M = 32 \cdot \mu^M \cdot \Delta z^M \big/ \left(\varepsilon^M \cdot \left(d_h^M \right)^2 \right), \tag{3.11}$$

ergibt sich für die Permeat-Volumenstromdichte im Membranelement:

$$\dot{v}_{x^*}^P = TMP_{x^*} \big/ \left(\eta^L \cdot R_h^M \right) \tag{3.12}$$

Der Reziprok-Wert aus dem Produkt von dynamischer Viskosität η^L und hydraulischem Membranwiderstand R_h^M wird als hydraulische Permeabilität der Membran L_P bezeichnet.

$$L_P = 1 \big/ \left(\eta^L \cdot R_h^M \right), \tag{3.13}$$

Damit ergibt sich ein linearer Zusammenhang zwischen der Permeat-Volumenstromdichte des Membranelements und dem lokalen Transmembrandruck

$$\dot{v}_{x^*}^P = L_P \cdot TMP_{x^*}, \tag{3.14}$$

Der differenzielle Permeat-Volumenstrom durch ein Membranelement errechnet sich damit aus:

$$d\dot{V}^P = L_P \cdot TMP_{x^*} \cdot dA^M \tag{3.15}$$

Um daraus den Permeat-Volumenstrom für den gesamten Modul ermitteln zu können, muss die Abhängigkeit des Transmembrandrucks vom Ort innerhalb der

Hohlfaser $TMP(x)$ bekannt sein. Da der Druckverlauf zwischen dem Druck am Eintritt in das Hohlfaserbündel p^F und dem Druck am Austritt aus dem Bündel p^R bei laminarer Strömung als linear angenommen werden darf, lässt sich für den Verlauf des Transmembrandrucks die allgemeine Form einer Geradengleichung ansetzen.

$$TMP(x) = m \cdot x + b, \tag{3.16}$$

Geht man davon aus, dass die dynamische Viskosität und der hydraulische Membranwiderstand, und damit die hydraulische Permeabilität aller „N" Hohlfasern in einem Modul keine Funktion von x sind, kann der Permeat-Volumenstrom für den Modul wie folgt berechnet werden.

$$\dot{V}^P = L_P \cdot \pi \cdot N \cdot d_{in} \int_{x=0}^{x=L_{eff}} TMP(x) \cdot dx \tag{3.17}$$

Mit den Randbedingungen $x = 0$; $p = p^F$ und $x = L_{eff}$; $p = p^R, p^P = const.$ und unter der Annahme laminarer Strömung in den Hohlfasern errechnen sich Steigung und Achsenabschnitt in Gl. (3.16) zu:

$$m = -\left(p^F - p^R\right) \big/ L_{eff} \tag{3.18}$$

$$b = \left(p^F - p^P\right) \tag{3.19}$$

Daraus folgt als **Ergebnis für das Porenmodell** ein linearer Zusammenhang zwischen dem Permeat-Volumenstrom $\dot{V}^P$ und dem mittleren Transmembrandruck TMP_m

$$\dot{V}^P = L_P \cdot A^M \cdot TMP_m = A^M \cdot TMP_m \big/ \left(\eta^L \cdot R_h^M\right) \tag{3.20}$$

$$TMP_m = \left(p^F + p^R\right) \big/ 2 - p^P \tag{3.21}$$

Zusätzlich ist die Zielgröße, der Permeat-Volumenstrom, über L_P und A^M von geometrischen Größen des Moduls und der Membran $A^M \sim N \cdot d_{in} \cdot L_{eff}, R^M \sim \mu \cdot \Delta z \big/ \left(\varepsilon \cdot d_h^2\right)$ und von Stoffgrößen ($L_P \sim 1/\eta^L$) abhängig.

Am Beispiel der Versuche von Eloot (2002) mit dem Dialysator F80 von Fresenius soll kurz auf die Bedeutung der im Porenmodell definierten Größen L_P und R_h^M eingegangen werden. In Abb. 3.3 sind die gemessenen Permeat-Volumenströme ($\dot{V}^P = QUF$), über den mittleren Transmembrandrücken ($TMP_m = \Delta p$) aufgetragen.

Die Ergebnisse der Messungen mit vollentsalztem Wasser am sterilen Dialysator sind durch die Messpunkte um die Ausgleichsgerade (a) dargestellt. Aus der

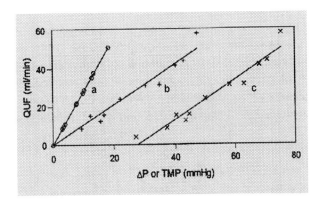

Abb. 3.3 Ultrafiltration (QUF) als Funktion des Transmembrandrucks (TMP) bei Versuchen am Dialysator F80 (von Fresenius) mit und ohne Proteinlayer (Quelle: Eloot 2002), mit freundlicher Genehmigung von SAGE Ltd

linearen Regression errechnet sich die Steigung dieser Gerade (a), welche gemäß Gl. (3.20) dem Produkt aus hydraulischer Permeabilität L_P und Membranfläche A^M entspricht. Dieses Produkt wird auch als Ultrafiltrations-Koeffizient UFK bezeichnet.

$$UFK = L_P \cdot A^M \qquad (3.22)$$

Ersetzt man in Gl. (3.20) den Permeat-Volumenstrom $\dot{V}^P$ durch die Ultrafiltration UF

$$\dot{V}^P = UF = UFK \cdot TMP_m, \qquad (3.23)$$

ergibt sich für das von Eloot verwendete Modul F80 mit einer Membranfläche von 1,8 m² aus der Anpassung der Messwerte (a) ein Ultrafiltrationskoeffizient für Wasser von $UFK_{H_2O} = 2{,}73\,ml/(\min \cdot mmHg)$. Daraus errechnet sich die hydraulische Permeabilität für die darin verwendete Membran, mit Wasser zu $L_{P,H_2O} = UFK_{H_2O}/A^M = 1{,}9 \cdot 10^{-10} m/(s \cdot Pa)$. Mit der dynamischen Viskosität von Wasser bei 37 °C ($\eta^L = 0{,}000693\,Pa \cdot s$) ergibt sich schließlich der hydraulische Membranwiderstand für diese Membran zu $R_h^M = 1/(L_P \cdot \eta^L) = 7{,}61 \cdot 10^{12}\,m^{-1}$. Diese Größenordnung für Transportwiderstände von Flüssigkeiten durch eine Porenmembran findet man auch bei der klassischen Deadend-Filtration für den Kuchenwiderstand einer Partikelschicht, die vom Filterelement zurückgehalten wird (vgl. einschlägige Literatur der Mechanischen Verfahrenstechnik MVT).

Im Anschluss an die Messungen mit Wasser wurde in den Experimenten von Eloot mit demselben Modul (F80) Human-Plasma filtriert. Die Regressionsgerade durch diese Messpunkte (c) zeigt, dass die Steigung $UFK_{Plasma} = 1{,}04\,ml \big/ (min \cdot mmHg)$ dieser mit einer adsorbierten Proteinschicht überzogenen Membran geringer ist, als die mit Wasser gemessene. Die Ausgleichsgerade geht auch nicht mehr durch den Ursprung, sondern schneidet die x-Achse bei einem Druck von 29 mmHg. Dieser Wert entspricht dem onkotischen Druck der Plasma-Proteine, welche die Dialysemembran nicht passieren können. Bei Transmembran-Drücken unterhalb des onkotischen Drucks, werden Wassermoleküle durch Osmose aus dem Permeat ins Feed diffundieren. In diesem Bereich ist die Filtration folglich negativ. Erst wenn der TMP den onkotischen Druck überschreitet, wird ein (positiver) Permeat-Volumenstrom gemessen.

Nach Freispülen des Plasmas mit Wasser ergeben die Messwerte eine Ausgleichsgerade (b), welche wieder durch den Ursprung geht, mit einer Steigung, die jener des Plasmaversuchs entspricht. Daraus darf geschlossen werden, dass die adsorbierte Proteinschicht nicht abwaschbar ist.

Aus diesen Versuchen von Eloot kann abgeleitet werden, dass bei Anwendungen mit Blutplasma die Ultrafiltrationskoeffizienten deutlich geringer sind, als die mit Wasser am sterilen Modul gemessenen Werte (im Beispiel ist $UFK_{H_2O} \big/ UFK_{Plasma} = 2{,}63$). Da dieser Unterschied auf Proteinadsorption zurückzuführen ist, welche auch durch die für eine Wiederverwendung der Module (Reuse) nötigen Spülmaßnahmen nicht rückgängig gemacht werden kann, ist darauf zu achten, inwiefern Membraneigenschaften nach Plasmakontakt sich gegenüber dem sterilen Modul verändern.

Für die **Anwendung des Porenmodells auf Lösungen mit Molekülen, die teilweise oder vollständig von einer Membran zurückgehalten werden,** müssen die Gl. (3.20 und 3.23), wie die Versuche mit Plasma zeigen, wie folgt erweitert werden:

$$\dot{V}^P = L_P \cdot A^M \cdot (TMP_m - \Delta\pi), \qquad (3.24)$$

$$UF = UFK \cdot (TMP_m - \Delta\pi) \qquad (3.25)$$

$$\Delta\pi = \pi^F - \pi^P \qquad (3.26)$$

Führte man das Experiment mit Plasma bis zu deutlich höheren mittleren Transmembrandrücken durch, würde die Steigung der mit Plasma gemessenen Kurve UFK_{Plasma} allmählich kleiner werden und schließlich den Wert Null erreichen. Die Abhängigkeit der Ultrafiltration vom Transmembrandruck kann daher bei hohen TMP's nicht mehr mit dem Porenmodell beschrieben werden.

3.2 Grenzschichtkontrollierter Stofftransport im Crossflow-Verfahren

Wie einleitend zu Kap. 3 erwähnt, bilden sich Konzentrations-Grenzschichten beim Crossflow-Verfahren, wenn eine Komponente „i" einer Lösung durch die Membran teilweise oder vollständig zurückgehalten wird. Durch einen Druckgradienten über die Membran und die daraus resultierende lokale Permeat-Volumenstromdichte gemäß Abb. 3.2 wird diese Komponente aus der Kernströmung konvektiv in Richtung der Membranwand transportiert und da sie zurückgehalten wird, steigt die Konzentration dieser Komponente an der Wand c_{iW,x^*}^F über die Konzentration der Kernströmung c_{iK,x^*}^F (s. Abb. 3.4).

Der konvektive Transport dieser Komponente „i" aus der Kernströmung an die Wand für ein Membranelement an der Stelle x^* kann durch folgende Gleichung berechnet werden:

$$\dot{m}_{i,conv,x^*} = \dot{v}_{x^*}^P \cdot c_{i,x^*} \tag{3.27}$$

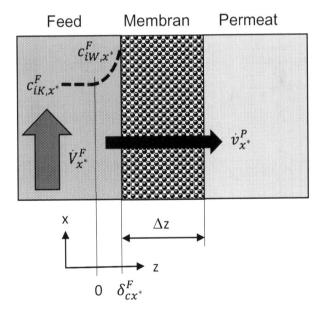

Feed   Membran   Permeat

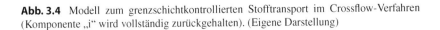

Abb. 3.4 Modell zum grenzschichtkontrollierten Stofftransport im Crossflow-Verfahren (Komponente „i" wird vollständig zurückgehalten). (Eigene Darstellung)

Die Massenstromdichte für den diffusiven Rücktransport der Komponente „i",
aufgrund des sich einstellenden Konzentrationsgradienten von der Membranoberfläche zurück in die Kernströmung (also in negative z-Richtung) ergibt sich nach
dem 1. Fick'schen Gesetz zu:

$$\dot{m}_{i,diff,x^*} = +D_{i,j} \cdot dc_{i,x^*}/dz \tag{3.28}$$

Bei stationärem Betrieb gilt:

$$\dot{v}_{x^*}^P \cdot c_{i,x^*} = +D_{i,j} \cdot dc_{i,x^*}/dz \tag{3.29}$$

$$\dot{v}_{x^*}^P \cdot dz = +D_{i,j} \cdot dc_{i,x^*}/c_{i,x^*} \tag{3.30}$$

Integriert man Gl. (3.30) mit den Randbedingungen $z = 0$, $c_{i,x^*} = c_{ik,x^*}^F$ und
$z = \delta_{c,x^*}$, $c_{i,x^*} = c_{iw,x^*}^F$, und unter der Annahme eines konstanten Diffusionskoeffizienten $D_{i,j}$, so ergibt sich die lokale Permeat-Volumenstromdichte durch
das Membranelement zu:

$$\dot{v}_{x^*}^P = D_{i,j}/\delta_{c,x^*} \cdot \ln\left(c_{iw,x^*}^F/c_{ik,x^*}^F\right) = \beta_{i,x^*}^F \cdot \ln\left(c_{iw,x^*}^F/c_{ik,x^*}^F\right) \tag{3.31}$$

Der Quotient aus Diffusionskoeffizient $D_{i,j}$ und Dicke der Konzentrationsgrenzschicht δ_{c,x^*} wird als lokaler Stoffübergangs-Koeffizient β_{i,x^*}^F bezeichnet.

Mit der Leveque-Lösung (s. Leveque 1928) ergibt sich der lokale Stoffübergangs-Koeffizient bei laminarer Strömung aus folgender Gleichung:

$$\beta_{ix^*}^F = D_{i,j}/\delta_{cx^*}^F = 0{,}538 \cdot \left(D_{i,j}^2 \cdot \gamma_W/x^*\right)^{1/3} \tag{3.32}$$

Die Proportionalitäts-Konstante (0,538) und der Exponent (1/3) ergaben sich
durch Anpassung von Messwerten aus Experimenten. Sofern das feedseitige
Strömungsprofil laminar ist, und das darf für alle Anwendungen in Künstlichen
Organen angenommen werden, folgt aus der Hagen-Poiseuille-Gleichung für die
Wand-Scherrate:

$$\gamma_W = dw^F/dr_{in,r=R} = 8 \cdot w_m^F/d_{in} \tag{3.33}$$

Damit ergibt sich die Funktion des Stoffübergangskoeffizienten über die Länge
(Koordinate x) der Hohlfaser-Membran zu:

$$\beta_i^F(x) = 1{,}076 \cdot \left(D_{i,j}^2 \cdot w_m^F/(d_{in} \cdot x)\right)^{1/3}, \tag{3.34}$$

Der mittlere Stoffübergangskoeffizient im Modul errechnet sich nach Integration über die Hohlfaserlänge zu:

$$\beta_{im}^{I} = 1\big/ L_{eff} \cdot \int_{x=0}^{x=L_{eff}} \beta(x) \cdot dx = 1{,}614 \cdot \left(D_{i,j}^{2} \cdot w_{m}^{I}\big/\left(d_{in} \cdot L_{eff}\right)\right)^{1/3}, \quad (3.35)$$

die Permeat-Volumenstromdichte zu:

$$\dot{v}^{P} = \beta_{im}^{I} \cdot ln\left(c_{iw}^{I}\big/c_{ikm}^{I}\right) = \beta_{im}^{I} \cdot ln\, c_{iw}^{I} - \beta_{im}^{I} \cdot ln\, c_{iKm}^{I}, \quad (3.36)$$

und der **Permeat-Volumenstrom im Modul für das Grenzschichtmodell im Crossflow-Verfahren zu:**

$$\dot{V}^{P} = A^{M} \cdot \dot{v}^{P} = A^{M} \cdot 1{,}614 \cdot \left(D_{i,j}^{2} \cdot w_{m}^{I}\big/\left(d_{in} \cdot L_{eff}\right)\right)^{1/3} \cdot ln\left(c_{iw}^{I}\big/c_{ikm}^{I}\right). \quad (3.37)$$

Dieser hängt also von Betriebsgrößen $\left(w_{m}^{I}\right)$, geometrischen Größen $\left(d_{in}, L_{eff}\right)$ und von Stoffgrößen $\left(D_{i,j}, c_{ikm}^{I}\right)$, jedoch nicht mehr, wie im Poren-Modell, vom Transmembrandruck ab.

Aufgrund der Abnahme des Feed- auf den Retentat-Volumenstrom, wird die Konzentration der vollständig zurückgehaltenen Komponente im Retentat höher sein, als im Feed. Da die Konzentration entlang der Hohlfaser nicht linear abnimmt, wird für c_{ikm}^{I} in Gl. (3.37) ein logarithmischer Mittelwert berechnet nach:

$$c_{ikm}^{I} = \left(c_{i}^{R} - c_{i}^{I}\right)\big/ ln\left(c_{i}^{R}\big/c_{i}^{I}\right) \quad (3.38)$$

Der Diffusionskoeffizient für Makromoleküle (Komp. „i") in einer Lösung (Komp. „j") kann mit der Stokes-Einstein-Gleichung ermittelt werden aus:

$$D_{i,j} = k \cdot T\big/\left(6 \cdot \pi \cdot \eta_{j}^{L} \cdot r_{i}\right), \quad (3.39)$$

k ist die Boltzmann-Konstante, T die Temperatur, η_{j}^{L} die dynamische Viskosität der Liquid-Phase und r_{i} ist der Radius des Makromoleküls, welcher nach Colton (1987) berechnet werden kann aus:

$$r_{i} = \left(3 \cdot \widetilde{M}_{i} \cdot k\big/\left(4 \cdot \pi \cdot \tilde{R} \cdot \rho_{i,hydr}\right)\right)^{1/3} \quad (3.40)$$

In dieser Gleichung bedeuten $\widetilde{M}_{i}$ die Molmasse des Makromoleküls, $\tilde{R}$ die universelle Gaskonstante und $\rho_{i,hydr}$ die Dichte des hydratisierten Moleküls. Nach Colton kann die hydratisierte Dichte für viele Proteine mit 1,4 g/cm^{3} angenommen werden, womit sich der molekulare Radius sich ergibt aus:

$$r_{i} = 0{,}657\, \widetilde{M}_{i}^{1/3} \;\left(\text{Einheit von}\, r_{i} : \; 10^{-10} m\right), \quad (3.41)$$

und der Diffusionskoeffizient von Proteinen in Wasser bei 37 °C mit der dynamischen Viskosität für Wasser bei 37 °C $\eta^L = 0{,}695 \cdot 10^{-3} Pas$, berechnet werden kann aus der einfachen Beziehung:

$$D_{i,j} = 4{,}97 \cdot 10^{-9} \Big/ \widetilde{M}_i^{1/3} \; \left(\text{Einheit m}^2/\text{s}\right) \tag{3.42}$$

Bei Anwendung von Gl. (3.37) auf ein Crossflow-Verfahren mit einer Lösung von Albumin in Wasser bei konstanter Temperatur würde sich bezogen auf einem Modul mit gleichbleibenden Geometrien die Anzahl der Freiheitsgrade/Einflussgrößen zur Veränderung von $\dot{V}^P$ auf die Betriebsgröße mittlere Überströmungsgeschwindigkeit im Feed w_m^F, reduzieren. Eine Erhöhung dieser Geschwindigkeit führte nach diesem Modell zu einer Erhöhung des Permeat-Volumenstroms $\dot{V}^P$ im Plateau-Bereich.

Versuche von Neggaz et al. (2007) mit einer wässrigen Albuminlösung zeigen einerseits die Abhängigkeit der Volumenstromdichte $\dot{v}^P = Jf$ vom TMP (vgl. Abb. 3.5), andererseits die Volumenstromdichte als Funktion der mittleren „Kern"-Konzentration $c_{im}^K = c_0$ (vgl. Abb. 3.6). Der Verlauf der Volumenstromdichte in Abb. 3.5 kann in drei Bereiche unterteilt werden. Bis zu einem TMP von etwa 1 bar ergibt sich ein linearer Zusammenhang zwischen Jf und TMP_m.

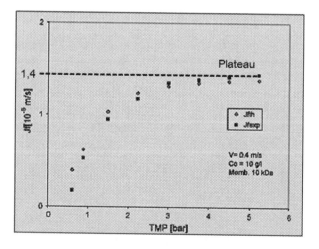

Abb. 3.5 Abhängigkeit der Permeat-Volumenstromdichte vom mittleren Transmembrandruck (TMP) bei der Cross-Flow-Ultrafiltration einer wässrigen Albuminlösung (Quelle: Neggaz et al. 2007), mit freundlicher Genehmigung von Elsevier

In diesem Bereich gelten die Gleichungen des Porenmodells. Der hydraulische Membranwiderstand R_h^M dominiert den Stofftransport.

Ab einem mittleren TMP von etwa 3 bar bleibt die Volumenstromdichte konstant (ein Plateau bildet sich aus). Hier ist die Konzentrationsgrenzschicht vollständig ausgebildet, und es gilt das in diesem Kapitel beschriebene Modell. Der feedseitige Grenzschichtwiderstand $R_i^I = 1/\beta_{im}^I$ dominiert den Stofftransport. Das erreichbare Plateau der Volumenstromdichte kann gemäß Gl. (3.37) nicht mehr durch eine Erhöhung des TMP_m verändert werden. Jedoch bewirkt eine höhere Überström-Geschwindigkeit w_m^I die Reduzierung der Grenzschichtdicke und somit eine Steigerung des Stoffübergangs-Koeffizienten β_{im}^I und der Volumenstromdichte (vgl. Untersuchungen zur Hämofiltration Abschn. 4.1.1). Im Übergansbereich $1 < TMP_m < 3$ bar nimmt der Gradient $d\dot{v}^P / dTMP_m$ kontinuierlich ab und wird im Plateaubereich null.

Durch die Kombination von Poren- und Grenzschichtmodell kann nach Neggaz die in Abb. 3.5 dargestellte Abhängigkeit für den gesamten TMP-Bereich mit folgender Gleichung beschrieben werden (Stützpunkte für *Jfth*):

$$\dot{v}^P = x_{kr} \cdot TMP / \left(L_{eff} \cdot \eta \cdot R^M \right)$$
$$+ 1{,}614 \cdot \left(D_{i,j}^2 \cdot w_m^I / \left(d_{in} \cdot L_{eff} \right) \right)^{\frac{1}{3}} \cdot \ln \left(c_{iw}^I / c_{ikm}^I \right) \cdot \left(\left(L_{eff}^{2/3} - x_{kr}^{2/3} \right) / L_{eff} \right)$$

$$(3.43)$$

und liefert eine gute Anpassung der Messwerte (*Jfexp*). Der TMP in Gl. 3.43 ist ein Mittelwert zwischen dem TMP an der Stelle x = 0 (Moduleintritt) und dem TMP-Wert an der Stelle x = x_{kr}. Die Größe x_{kr} ergibt sich dort, wo die lokale Volumenstromdichte $\dot{v}_{xkr}^P$ für den grenzschichtkontrollierten Stofftransport (Gl. (3.44), links) gleich groß ist, wie die für den membrankontrollierten Stofftransport (Gl. 3.44), rechts).

$$1{,}076 \cdot \left(D_{i,j}^2 \cdot w_m^I / \left(d_{in} \cdot x_{krit} \right) \right)^{1/3} \cdot \ln \left(c_{iw}^I / c_{ikm}^I \right)$$
$$= \left(p^I - 32 \cdot \eta \cdot w_m^I \cdot x_{krit} / d_{in}^2 \right) / \eta \cdot R^M$$

$$(3.44)$$

Die sich bei ausgebildeter Grenzschicht ergebende Wandkonzentration c_{iw}^I kann durch Versuche ermittelt werden, bei denen die Kernkonzentration c_{ikm}^I variiert wird. Der in Abb. 3.5 bei einer Albumin-Konzentration von 10 g/l (entspricht im logarithmischen Maßstab einem Zahlenwert von 2,3) erreichte Plateau-Wert für die Volumenstromdichte liegt bei etwa $\dot{v}^P = Jf = 1{,}4\,m/s$. Bei geringeren Konzentrationen im Kern der Strömung $c_{ikm}^I = C_0$ nimmt gemäß Gl. (3.36) die Volumenstromdichte zu (ein höheres Plateau wird erreicht). Bei Konzentrationen höher als 10 g/l nimmt sie ab. Für $c_{ikm}^I = c_{iw}^I$ wird $\dot{v}^P = Jf = 0\,m/s$. Verlängert man also die Gerade in Abb. 3.6 bis zum Schnittpunkt mit der x-Achse so findet

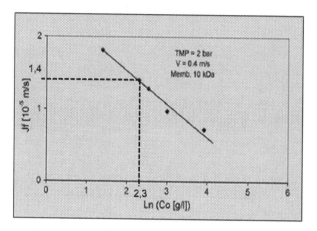

Abb. 3.6 Abhängigkeit der Permeat-Volumenstromdichte von der Albumin-Konzentration bei der Cross-Flow-Ultrafiltration einer wässrigen Albuminlösung (Quelle: Neggaz et al. 2007), mit freundlicher Genehmigung von Elsevier

man dort für die Wandkonzentration einen Wert von etwa $c_{iw}^F = e^{5.28} = 196 \, g/l$. Sie wird also im hier betrachteten Beispiel bei einer Kernkonzentration von 10 g/l und einer Überströmgeschwindigkeit von 0,4 m/s um den Faktor 19,6 erhöht.

Die negative Steigung der Ausgleichs-Gerade ergibt in der halblogarithmischen Darstellung gemäß Gl. (3.36) den mittleren Stoffübergangskoeffizienten β_{im}^F.

3.3   Grenzschichtkontrollierter Stofftransport im Gegenstrom-Verfahren

Gegenstromverfahren werden häufig bei Wärmetauschern angewandt, weil das Prinzip für die Energieübertragung effektiver ist, als bei Gleichstromverfahren und der Fertigungsaufwand geringer, als bei den ebenfalls effizienten Kreuzstromverfahren. Da bei vergleichbaren Strömungsbedingungen eine Analogie zwischen Wärme- und Stoffaustausch besteht, können die Gleichungen für den Stoffaustausch im Gegenstromverfahren analog zu denen für die Wärmeübertragung abgeleitet werden.

Die Formulierung des Modells für den grenzschichtkontrollierten Stofftransport im Gegenstrom-Verfahren erfolgt wieder für eine differenzielle Membranfläche, das Membranelement, an einer beliebigen Stelle x^* in der

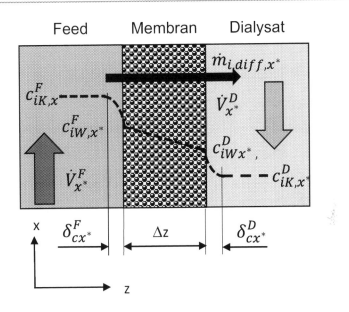

Abb. 3.7 Modell zum grenzschichtkontrollierten Stofftransport im Gegenstrom-Verfahren mit der Annahme, dass eine gelöste (Komponente „i" vollständig permeabel ist). (Eigene Darstellung)

Hohlfasermembran (s. Abb. 3.7). Unter der Annahme, dass es keine Ultrafiltration durch das Membranelement gibt ($TMP_m = 0$), werden gelöste, permeable Komponenten ausschließlich durch Diffusion durch die Membran transportiert. Dieser Transport erfolgt aus dem Feed ins Permeat durch drei Zonen, innerhalb derer sich im stationären Betrieb jeweils ein Konzentrationsgradient in positive z-Richtung einstellt. Die Konzentration der betrachteten Komponente „i" ist am höchsten in der Kernströmung der Feedseite. Die Konzentration an der feedseitigen Membranoberfläche c_{iW,x^*}^{F} ist kleiner, als die in der Kernströmung c_{iK,x^*}^{F} und der Bereich dazwischen ist die feedseitige Grenzschicht. Auch durch die Membranporen muss die Konzentration abnehmen bis auf die dialysatseitige Wandkonzentration c_{iW,x^*}^{D}. Von dort wird die Komponente wiederum diffusiv abtransportiert, wenn die Wandkonzentration größer ist, als die Kernkonzentration c_{iK,x^*}^{D}, wenn also auch eine dialysatseitige Grenzschicht existiert.

Nach Integration der Transportgleichungen für die Diffusion nach dem 1. Fick'schen Gesetzes

$$\dot{m}_i = -D_{i,j} \cdot dc_i / dz \tag{3.45}$$

ergeben sich für die drei Bereiche folgende Massenstromdichten einer Komponente „i" durch ein Membranelement am Ort x^* innerhalb einer Hohlfaser:

feedseitige Grenzschicht:

$$\dot{m}^F_{i,diff,x^*} = \beta^F_{i,x^*} \cdot \left(c^F_{iK,x^*} - c^F_{iW,x^*} \right) \qquad (3.46)$$

Membran:

$$\dot{m}^M_{i,diff,x^*} = P^M_i \cdot \left(c^F_{iW,x^*} - c^D_{iWx^*} \right) \qquad (3.47)$$

dialysatseitige Grenzschicht:

$$\dot{m}^D_{i,diff,x^*} = \beta^D_{i,x^*} \cdot \left(c^D_{iWx^*,} - c^D_{iK,x^*} \right) \qquad (3.48)$$

Der Stofftransportkoeffizient in der Membran darf für alle Membranelemente im Modul als konstante Größe angenommen werden. Er wird als diffusive Permeabilität P^M_i der Membran für die Komponente „i" bezeichnet und kann analog zu den Stoffübergangskoeffizienten in der Grenzschicht aus dem Quotienten des Diffusionskoeffizienten D^M_i der Komponente „i" in der benetzten Membran und der Wandstärke der Hohlfaser Δz^M berechnet werden.

$$P^M_i = D^M_i \,/\, \Delta z^M \qquad (3.49)$$

Da die Wandkonzentrationen einer Messung schwer zugänglich sind, wird ein Stoff*durchgangs*-Koeffizient K_{0i} für den Transport durch alle 3 Bereiche definiert, und damit folgende Gleichung für die Massenstromdichte durch das Membranelement aufgestellt:

$$\dot{m}_{i,diff,x^*} = K_{0i,x^*} \cdot \left(c^F_{iK,x^*} - c^D_{iK,x^*} \right) \qquad (3.50)$$

Da im stationären Betrieb alle Massenstromdichten gleich sein müssen, leitet sich aus den Gl. (3.46) bis (3.50) folgender Zusammenhang zwischen dem Stoff*durchgangs*-, den Stoff*übergangs*koeffizienten und der diffusiven Permeabilität ab:

$$1\,/\,K_{0i,x^*} = 1\,/\,\beta^F_{i,x^*} + 1\,/\,P^M_i + 1\,/\,\beta^D_{i,x^*} \qquad (3.51)$$

Nach Integration der für das Membranelement abgeleiteten Beziehung für die Massenstromdichte einer permeierenden Komponente „i" über der effektiven Hohlfaserlänge ergeben sich für das **Modell des grenzschichtkontrollierten Stofftransports im Gegenstrom-Verfahren folgende Ergebnis -Gleichungen für das Modul:**

diffusiver Massenstrom Komp. „i":

$$\dot{M}_{i,diff} = \dot{m}_{i,diff} \cdot A^M = K_{0im} \cdot A^M \cdot \Delta c_{im} \qquad (3.52)$$

mittl. Stoffdurchgangskoeff.:

$$1\big/K_{0im} = 1\big/\beta_{im}^F + 1\big/P_i^M + 1\big/\beta_{im}^D \qquad (3.53)$$

Transportwiderstände:

$$R_{i,ges} = R_i^F + R_i^M + R_i^D \qquad (3.54)$$

mittl. log. Konz.-Differenz:

$$\Delta c_{im} = (\Delta c_{i\alpha} - \Delta c_{i\omega})\big/\ln\left(\Delta c_{i\alpha}\big/\Delta c_{i\omega}\right) \qquad (3.55)$$

Der mittlere feedseitige Stoffübergangs-Koeffizient β_{im}^F kann mit Gl. (3.35) berechnet werden. Der mittlere dialysatseitige Stoffübergangs-Koeffizient β_{im}^D wird vom Bündelaufbau im Modulgehäuse abhängig sein und daher muss dafür eine der Feedseite analoge Beziehung für jede Modulvariante experimentell ermittelt werden (s. Abschn. 4.1.1, Gl. 4.20).

Der logarithmische Mittelwert der Konzentrations-Differenz Δc_{im} wird aus den lokalen Konzentrations-Differenzen am feedseitigen Eintritt (= dialysatseitger Austritt)

$$\Delta c_{i\alpha} = c_{i,ein}^F - c_{i,aus}^D \qquad (3.56)$$

und am feedseitigen Austritt (= dialysatseitiger Eintritt) berechnet.

$$\Delta c_{i\omega} = c_{i,aus}^F - c_{i,ein}^D \qquad (3.57)$$

Diskutiert man die Abhängigkeit der diffusiven Massenstromdichte $\dot{M}_{i,diff}$ von geometrischen, Betriebs- und Stoffgrößen so erkennt man, dass diese im Wesentlichen vom erreichbaren mittleren Stoffdurchgangs-Koeffizienten K_{0im} für eine betrachtete Komponente „i" abhängt. Aus Gl. (3.53) kann abgeleitet werden, dass dieser bei einer gegebenen Membran $\left(P_i^M\right)$ mit den Stoffübergangs-Koeffizienten β_{im}^F und β_{im}^D zunimmt. Dabei sind wesentliche Einflussgrößen zur Verbesserung der Übergangs- und damit auch des Durchgangs-Koeffizienten, die feed- und dialysatseitigen Strömungsgeschwindigkeiten, sowie die in Abschn. 3.2 für das Beispiel des feedseitigen Stoffübergangs abgeleiteten Abhängigkeiten von geometrchen Größen.

Durch Einstellen eines mittleren Transmembrandrucks im Modul, werden im Feed-Lösemittel gelöste, permeable Komponenten auch konvektiv über die Membran transportiert. Eine Bilanz für die Komponente „i" zeigt, dass die Massenstromdichte über die Membran sich errechnet aus:

$$\dot{M}_i = \dot{V}_{ein}^F \cdot c_{i,ein}^F - \dot{V}_{aus}^F \cdot c_{i,aus}^F, \text{ oder mit } \dot{V}^P = \dot{V}_{ein}^F - \dot{V}_{aus}^F \qquad (3.58)$$

$$\dot{M}_i = \dot{V}_{ein}^F \cdot c_{i,ein}^F - \left(\dot{V}_{ein}^F - \dot{V}^P\right) \cdot c_{i,aus}^F \qquad (3.59)$$

$$\dot{M}_i = \dot{V}_{ein}^F \cdot \left(c_{i,ein}^F - c_{i,aus}^F\right) + \dot{V}^P \cdot c_{i,aus}^F \qquad (3.60)$$

Im Unterschied zum rein diffusiven Stofftransport, bei dem $\dot{V}^P = UF = 0\,ml/min.$ vorausgesetzt wird, ist der „gemischte" Transport um $\dot{V}^P \cdot c_{i,aus}^F$ höher, wobei zu beachten ist, dass die Konzentrationen bei den Verfahrensvarianten reine Diffusion und Diffusion mit Konvektion nicht dieselben sind (s. dazu auch Abschn. 4.1.1 und 4.1.2).

Membran-Prozesse bei Künstlichen Organen

4

Die medizinische Anwendung von Membranen in Künstlichen Organen setzt voraus, dass bei akuter und/oder chronischer Insuffizienz eines Organs, die lebensnotwendigen Funktionen durch das Künstliche Organ übernommen werden können. Dabei wird über Zugänge zu Blutgefäßen ein extrakorporaler Kreislauf zwischen dem Patienten und dem Künstlichen Organ eingerichtet, in welchem geeignete „Hardware" (Pumpen, Messgeräte, MSR-Komponenten, usw.) für eine sichere Kreislaufführung des Bluts sorgt (s. Abb. 4.1, „Blutkreislauf").

Für die sehr unterschiedlichen, organspezifischen Anforderungen sind individuelle Anpassungen der Membran-, Moduleigenschaften und Verfahren erforderlich. So erreicht man eine kontrollierte Entfernung angereicherter, wasserlöslicher Komponenten bei der Hämodialyse dadurch, dass die „Wertstoffe" in einem Flüssigkeitskreislauf (s. Abb. 4.1. unten) durch Mischen von Wasser mit einem Konzentrat so dosiert werden, dass das Dialysat am Eingang in den Modul die Wertstoffe in der physiologischen „Normal"-Konzentration enthält. Bei Erreichen dieser Konzentrationen im Blut verschwindet der Konzentrationsgradient zwischen Blut und Dialysat und damit endet auch der Stofftransport. Die korrekte Zusammensetzung im Flüssigkeitskreislauf wird über die Messung der Leitfähigkeit kontrolliert, die Lösung auf Körpertemperatur erwärmt, entgast und über Pumpen gefördert. Eine Regelung der Drücke und Pumpendrehzahlen sorgt für den notwendigen Transmembrandruck zur Flüssigkeitsentfernung.

Nicht wasserlösliche, hydrophobe Komponenten, wie z. B. Bilirubin, Gallensäure und Wirkstoffe von Medikamenten werden durch Bindung an Proteine im Plasma transportiert. Da die Proteine als „Wertstoffe" im Blut zu erhalten sind, muss in der künstlichen Leber die hydrophobe Komponente vom Trägerprotein getrennt und ausgeschieden werden, während das Protein im Blutkreislauf des Patienten verbleibt.

© Springer Fachmedien Wiesbaden GmbH, ein Teil von Springer Nature 2019
M. Raff, *Membranverfahren bei künstlichen Organen*, essentials,
https://doi.org/10.1007/978-3-658-28053-6_4

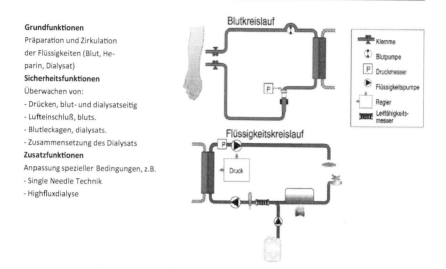

Grundfunktionen
Präparation und Zirkulation
der Flüssigkeiten (Blut, He-
parin, Dialysat)
Sicherheitsfunktionen
Überwachen von:
- Drücken, blut- und dialysatseitig
- Lufteinschluß, bluts.
- Blutleckagen, dialysats.
- Zusammensetzung des Dialysats
Zusatzfunktionen
Anpassung spezieller Bedingungen, z.B.
- Single Needle Technik
- Highfluxdialyse

Abb. 4.1 Wichtige Funktionen der Monitore für den Blut- und den Dialysat-Kreislauf bei der Dialyse, mit freundlicher Genehmigung von Baxter International Inc

Für beide Prozesse, Künstliche Niere und Künstliche Leber, werden sowohl diffusive Gegenstrom-, als auch konvektive Crossflow-Verfahren angewandt. Während bei den Gegenstromverfahren (s. Abschn. 4.1.1 Dialyse und Abschn. 4.2 MARS-Verfahren) der Transport durch die Zusammensetzung der aufnehmenden Phasen jenseits der Membran geregelt wird, ist bei den Crossflow-Verfahren das Verhältnis von Filtration und Substitution bezüglich der auszutauschenden Volumina zu regeln (s. Abschn. 4.1.2 Hämofiltration und Abschn. 4.2 Prometheus-Verfahren).

Die Oxygenation von Blut in der Künstlichen Lunge wurde zunächst in sogenannten „Bubblern" durchgeführt, indem man sterile Luft mit Sauerstoff anreicherte und dieses Gasgemisch über einen Verteiler dispergiert durch das Blut „blubberte". Die Schwierigkeit dabei war, dass sich sehr kleine Gasblasen im Blut nur schwer auflösen und zur Vermeidung von Embolie aufwendig entfernt werden mussten, bevor das Blut zurück zum Patienten strömte. Erst durch die Entwicklung von Membran-Oxygenatoren konnte die Gefahr einer Gasblasen-Embolie deutlich reduziert werden, da der Sauerstoffeintrag aus der Gasphase ins Blut nun blasenfrei erfolgte. Während sich bei Künstlicher Niere und Künstlicher Leber die Komponenten zwischen zwei Flüssigphasen über eine Membran austauschen, erfolgt bei der Künstlichen Lunge der Austausch über eine Gas-Flüssig-Phasengrenze (s. Abschn. 4.3).

4.1 Künstliche Niere

Die Aufgaben der menschlichen Niere können grob eingeteilt werden in exkretorische (reinigende) und sekretorische (regulierende) Funktionen. Nur die exkretorischen Funktionen können durch die Dialyse übernommen werden. Für die sekretorischen Funktionen werden während oder zwischen Behandlungen geeignete Medikamente verabreicht.

Abfallstoffe sind harnträchtige Substanzen, welche ausgeschieden werden, sofern sie die Membran passieren können. Das Ausscheiden von Flüssigkeit in einer Größenordnung von 2 Liter je Behandlung wird durch kontrollierte Ultrafiltration über den eingestellten Transmembrandruck geregelt.

Da Dialyse-Membranen für Elektrolyte permeabel sind, würden diese ohne entsprechende Maßnahmen vollständig ausgetragen, was zu tödlichen Mangelerscheinungen führen würde. Ein Absinken der Elektrolyte unter den physiologisch gesunden Level muss folglich durch entsprechende Zugabe von Elektrolyten im Dialysat beim Gegenstromverfahren Dialyse oder durch Substitution einer sterilen Elektrolytlösung bei der Hämofiltration verhindert werden.

Da Nierenpatienten unter einer Übersäuerung des Blutes leiden, wird durch Dosieren von Acetat – oder Bikarbonat-Puffer ins Dialysat der pH-Wert im Blut geregelt.

Die Gabe von Medikamenten wird nötig, wenn beim Nierenversagen auch Funktionen der Nebennierenrinde verloren gehen. Dann wird auch das Hormon Erythropoetin (EPO) nicht mehr gebildet, wodurch sich im Blut der Patienten allmählich die Anzahl der roten Blutzellen reduziert. Nierenpatienten erhielten daher in den 1970er und 1980er-Jahren noch in regelmäßigen Abständen Transfusionen von Spender-Blut oder Erythrozyten-Konzentrat, sodass der Hämatokrit nicht unter 20 % absank. Da dieser Wert deutlich unter dem Normalwert von gesunden Menschen (40–45 %) liegt, war die Leistungsfähigkeit der Patienten erheblich beeinträchtigt. Erst als 1989 ein rekombinantes EPO-Präparat auf den Markt kam, konnte der Hämatokrit von Patienten durch entsprechende Gabe dieses Präparats dauerhaft auf etwa 30 % angehoben werden. Man erkannte bereits in den klinischen Studien vor Einführung des Präparats, dass die Nebenwirkungen von EPO erheblich geringer waren, als die bei Transfusionen. Bei den heutigen Behandlungen gehört die Gabe von EPO zum Behandlungs-Standard.

Nachdem die Dialyse-Pioniere Kolff (1943) und Alwall (1947) mit ihren Behandlungen zeigen konnten, dass es mit Membranen und geeigneten Verfahren gelingt die exkretorischen Nierenfunktionen extrakorporal zu erfüllen, und damit Menschenleben zu retten, begannen verschiedene Unternehmen das Verfahren weiterzuentwickeln. Der Arzt Nils Alwall beriet den schwedischen Unternehmer Holger Crafoord in seinen Bemühungen zum Aufbau der späteren Firma Gambro (heute Baxter), die sich, wie andere (Fresenius, Braun, Hospal, Asahi, usw.) zum Ziel setzte, die notwendigen Komponenten und Maschinen für diese Behandlung zu entwickeln, herzustellen und zu vertreiben.

Inzwischen konkurrieren unterschiedliche Verfahren um das beste Ergebnis für den Patienten. Die bevorzugt angestrebte Lösung, sofern ein geeignetes Spenderorgan zur Verfügung steht, ist die Transplantation. Allerdings sind die Zahlen auch 2018, trotz eines deutlichen Anstiegs der Bereitschaft zur Organspende gegenüber 2017 ernüchternd. Ende 2018 warteten 7239 Patienten auf eine Spenderniere, 2291 Nieren wurden 2018 transplantiert (davon 638 Lebendspenden) und 410 Patienten starben, während sie auf eine Niere warteten.

Patienten, die weitgehend von Geräten unabhängig sein möchten, nutzen als Membran ihr Peritoneum und befüllen und entleeren in Intervallen von einigen Stunden den Bauchraum. Da bei der Peritoneal-Dialyse ein körpereigenes und kein Künstliches Organ zum Einsatz kommt, wird diese Thematik hier nicht vertieft.

Bei Behandlungen in Dialysestationen oder zuhause werden die Verfahren Hämodialyse und Hämofiltration durchgeführt. Die Vorteile der Behandlungen auf Station liegen in der fachkundigen Betreuung der Patienten und der für diese Behandlungen benötigten Monitore. Bei einem geeigneten, familiären Umfeld ist nach entsprechender Schulung auch eine Behandlung zuhause (Heimdialyse) möglich. Auf Station werden Patienten in der Regel 2 bis 3 Mal in der Woche für 3 bis 5 h zu festen Terminen behandelt. Heimdialyse-Patienten können Ihre Behandlungszeiten flexibel (auch über Nacht) wählen. In beiden Fällen sind die Patienten über Blutschläuche mit einer Maschine (einem Monitor) verbunden, welche (auch im Schlaf) die Kontrolle über das Verfahren übernimmt.

Der Zugang der Patienten zum extrakorporalen Blutkreislauf erfolgt bei einer chronischen Nieren-Erkrankung (ESRD = End Stage Renal Disease) über einen sogenannten Shunt. Bei diesem wird durch einen chirurgischen Eingriff eine Arterie mit einer Vene verbunden. Der höhere arterielle Druck führt zu einer Aufdehnung der Vene, sodass einerseits die Nadeln gut gesetzt werden können, andererseits hohe extrakorporale Blutflüsse möglich werden. Während bei einer Blutspende die Flüsse nur etwa 30 bis 50 ml/min betragen, sind bei der Hämodialyse Blutflüsse von 200 bis 400 ml/min, bei der Hämofiltration bis zu 500 ml/min üblich.

4.1.1 Dialyse

Dialyseverfahren wurden zunächst mit sogenannten Lowflux-Membranen durchgeführt. Eine weit verbreitete Membran in den 1970er-Jahren war das von der Firma Enka, Wuppertal, unter Verwendung der aus Baumwoll-Linters gewonnenen Polyglukose als Polymer, produzierte „Cuprophan". Bei derartigen Membranen wurde der Ultrafiltrationskoeffizient bei der Herstellung so eingestellt, dass bei einem mittleren Transmembrandruck von 130 mmHg, die über vier Stunden Behandlungszeit entzogene Flüssigkeitsmenge 2 l nicht übersteigt. Unter Berücksichtigung eines onkotischen Drucks von 30 mmHg ergibt sich nach Gl. (3.24) mit einem Ultrafiltrationskoeffizienten für die Lowflux-Membran von UFK = 5 ml/(h*mmHg) ein Permeat-Volumenstrom (die Ultrafiltration) von 8,33 ml/min, der deutlich kleiner ist, als der bei der Dialyse übliche Blut-Volumenstrom von 200 bis 400 ml/min. Daher darf man davon ausgehen, dass sich bei der Lowflux-Dialyse (LFD) keine, oder eine vernachlässigbar kleine Konzentrationsgrenzschicht der von der Membran zurückgehaltenen Proteine an der Membranoberfläche einstellen wird, und der Haupttransportwiderstand für die Flüssigkeitsentfernung (Ultrafiltration) die Membran sein wird. Die Abhängigkeit der Ultrafiltration vom mittleren TMP kann dann daher durch das Porenmodell (s. Gl. 3.24, 3.25 und 3.26) beschrieben werden.

Bei einer Membran mit einem UFK von 55 ml/(h*mmHg), muss der mittlere TMP auf einen Wert von ca. 39 mmHg eingestellt werden, um wieder etwa 2 l Flüssigkeit in 4 h zu entfernen. Solche Highflux-Membranen wurden entwickelt, weil Patienten nach langjähriger Dialyse über Schmerzen in den Gelenken klagten. Die Ursache dafür sind Ablagerungen, Amyloid-Fibrillen, die hauptsächlich aus β_2-Mikroglobulin (β_2-M) bestehen. Dieses Protein hat eine Molmasse von ca. 12.000 g/mol und wird von Lowflux-Membranen weitgehend zurückgehalten. Dadurch erhöht sich dessen Konzentration im Patienten-Plasma kontinuierlich und führt zu einer hämodialyse-assoziierten Amyloidose. Diese kann vermieden werden, wenn man Patienten mit Highflux-Membranen behandelt, die einen Siebkoeffizienten für β_2-M in der Größenordnung von 0,7 bis 0,8 aufweisen. Die Erhöhung der Durchlässigkeit einer Porenmembran für größere Moleküle hat allerdings die Konsequenz, dass auch der UFK größer wird. Wie oben erläutert kann die gewünschte Ultrafiltration (von 2 l in 4 h) dann nur dadurch erreicht werden, dass man den mittleren TMP auf einen Wert von etwa 39 mmHg, einstellt. Dabei ist zu beachten, dass bei einem niedrigen mittleren TMP der lokale TMP_{x^*} negativ werden kann.

Aus Gl. (3.24) leitet sich für die lokale Ultrafiltration ab:

$$UF_{x^*} = UFK \cdot (TMP_{x^*} - \Delta\pi_{x^*}) \qquad (4.1)$$

Im Unterschied zum Crossflow-Verfahren ergibt sich im Gegenstrom-Verfahren der lokale Transmembrandruck zwischen Blut- und Dialysat-Raum aus den lokalen Druckunterschieden.

$$TMP_{x^*} = p_{x^*}^B - p_{x^*}^D, \qquad (4.2)$$

Unter der Annahme, dass bei Highflux-Dialyse Elektrolyte sich auf Blut- und Dialysatseite nahezu ausgleichen, errechnet sich die osmotische Druckdifferenz am Membranelement aus dem osmotischen Druck der zurückgehaltenen Makromoleküle π_{Makro,x^*}

$$\Delta\pi_{x^*} = \pi_{Makro,x^*} \qquad (4.3)$$

Damit wird $UF_{x^*} = 0$, wenn der effektive Transmembrandruck Null wird

$$TMP_{eff,x^*} = TMP_{x^*} - \pi_{Makro,x^*}, \qquad (4.4)$$

Berechnungen von Raff et al. (2003) angewandt auf die Dialyse mit einer wässrigen Dextranlösung als „Blutersatz" und Wasser als Dialysat zeigen die Abhängigkeiten von Flüssen und Drücken für den Highflux-Dialysator Polyflux 210 H von Baxter/Gambro über der Hohlfaserlänge (Abb. 4.2).

Aus Diagramm a ist zu erkennen, dass die Ultrafiltration (UF) bis zu einer Hohlfaser-Länge (Koordinate x) von etwa 14 cm allmählich auf 20 ml/min ansteigt und im Bereich zwischen 14 und 25 cm auf die „Netto-UF" von 10 ml/min zurückgeht. Entsprechend nimmt der blutseitige Volumenstrom (Q^B) zunächst von 200 ml/min auf 180 ml/min ab und steigt danach wieder auf 190 ml/min an. Dies ist dadurch zu erklären, dass der effektive Transmembrandruck im vorderen Bereich des Dialysators ($0 < x < 14$ cm) positiv ist (s. Diagramm b) und eine Filtration von der Blut- auf die Dialysatseite bewirkt. Im hinteren Bereich des Dialysators (14 cm $< x < 25$ cm) wird der TMP_{eff,x^*} negativ mit der Konsequenz, dass sich in diesem Bereich eine sogenannte Backfiltration von der Dialysatseite auf die Blutseite einstellt. Die Linie des „Inversion-Points" ergibt sich an der Stelle, an der $TMP_{eff,x^*} = 0$ wird. Der blutseitige, osmotische Druck steigt bis zum „Inversion Point", weil die Konzentration des impermeablen Makromoleküls Dextran steigt, solange aus Blut in Richtung Dialysat ultrafiltriert wird. Ab dem „Inversion Point" verringert sich der osmotische Druck, aufgrund der durch die „Backfiltration" verursachten Verdünnung der blutseitigen Dextranlösung.

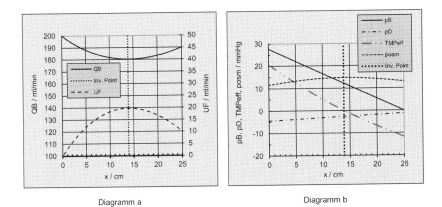

Diagramm a   Diagramm b

Abb. 4.2 Verläufe von Flüssen (Diagramm a) und Drücken (Diagramm b) über der Länge des Highflux-Dialysators Polyflux 210 H (Baxter/Gambro) bei Dialyse einer wässrigen Dextran-Lösung ($Q^B = 200$ ml/min; $Q^D = 500$ ml/min) (berechnet mit Gleichungen aus Raff et al. 2003), eigene Darstellung

Bei Anwendung von Highflux-Membranen ist also eine Backfiltration von „unsterilem" Dialysat ins Blut der Patienten wahrscheinlich und es muss gewährleistet sein, dass eventuell vorhandene Endotoxine im Dialysat über die Behandlungsdauer sicher zurückgehalten werden. Dies erreicht man einerseits durch entsprechende Maßnahmen bei der Membranherstellung, z. B. durch Fällung der Polymerlösung von außen (vgl. Kap. 2) und durch die Auswahl geeigneter Membran-Polymere, welche Endotoxine adsorbieren.

Neben der Ultrafiltration zur Regelung des Wasserhaushalts der Patienten kommt es bei der Dialyse aber auch darauf an, dass urämische Toxine sicher und effektiv entfernt werden. Der diffusive Transport dieser wasserlöslichen Komponenten entlang eines Konzentrationsgefälles über die Membran kann mit dem Grenzschichtmodell im Gegenstromverfahren (s. Abschn. 3.3) beschrieben werden. Hinzu kommt der konvektive Transport dieser Komponenten durch Ultrafiltration.

Zunächst sei angenommen, dass UF = 0 ml/min ist, und der **Stofftransport ausschließlich diffusiv** erfolgt. Dann gilt für den Massenstrom einer Komponente „i" durch die Membran:

$$\dot{M}_{i,diff} = \dot{m}_{i,diff} \cdot A^M = K_{0im} \cdot A^M \cdot \Delta c_{im} \tag{4.5}$$

Bezieht man diesen Massenstrom auf die Konzentration der Komponente „i" am blutseitigen Eintritt in den Dialysator, so ergibt sich die diffusive Clearance für diese Komponente „i".

$$Cl_{i,diff} = \dot{M}_{i,diff} / c_{i,ein}^{B} \qquad (4.6)$$

Sie beschreibt den Anteil des blutseitigen Volumenstroms, der vollständig von der betrachteten Komponente „i" befreit wird. Wenn also bei einem blutseitigen Volumenstrom von 200 ml/min die Clearance 190 ml/min beträgt, so enthalten gerade noch 10 ml/min des Austrittsvolumenstroms die Komponente „i" noch mit der Eintrittskonzentration. Bei einer Eintrittskonzentration von 1 g/l strömen 0,2 g/min Komponente „i" in den Dialysator ein, 0,01 g/min verlassen den Dialysator im venösen Patientenblut und 0,19 g/min passieren die Membran.

Zur Ermittlung der Clearance-Werte für einen Dialysator werden Bilanzen für die Komponenten auf Blut- und/oder Dialysatseite erstellt. Da unter der Annahme UF = 0 ml/min die ein- und ausströmenden Volumenströme gleich groß sind, folgt für die Blut- und Dialysat-Flüsse $Q_{ein}^{B} = Q_{aus}^{B} = Q^{B}$ und $Q_{ein}^{D} = Q_{aus}^{D} = Q^{D}$, für den diffusiven Massenstrom einer Komponente „i":

$$\dot{M}_{i,diff} = Q^{B} \cdot \left(c_{i,ein}^{B} - c_{i,aus}^{B} \right) = Q^{D} \cdot \left(c_{i,aus}^{D} - c_{i,ein}^{D} \right), \qquad (4.7)$$

und für die Clearance:

$$Cl_{i,diff} = Q^{B} \cdot \left(1 - c_{i,aus}^{B} / c_{i,ein}^{B} \right) = \left(K_{0im} \cdot A^{M} \cdot \Delta c_{im} \right) / c_{i,ein}^{B} \qquad (4.8)$$

Die diffusive Clearance ist also direkt proportional zum Stoffdurchgangs-koeffizienten K_{0im}. Inwiefern Hersteller und Betreiber Einfluss nehmen können auf die Clearance, und damit auf die Effizienz der Behandlung, ist folglich von der Bedeutung von K_{0im} abhängig.

In Abschn. 3.3 wurde abgeleitet, dass der Stoffdurchgangskoeffizient mit den feed-/blut- und dialysatseitigen Stoffübergangskoeffizienten und der Membran-kenngröße „Diffusive Permeabilität" wie folgt zusammenhängt:

$$1 / K_{0im} = 1 / \beta_{im}^{B} + 1 / P_{i}^{M} + 1 / \beta_{im}^{D} \qquad (4.9)$$

Die Gleichung für den mittleren, blutseitigen Stoffübergangskoeffizient β_{im}^{B} in laminar durchströmten Hohlfaser-Membranen wurde in Abschn. 3.2 abgeleitet zu:

$$\beta_{im}^{B} = 1{,}614 \cdot \left(D_{i,j}^{2} \cdot w^{B} / \left(d_{in} \cdot L_{eff} \right) \right)^{1/3}, \qquad (4.10)$$

und gilt in gleicher Weise auch hier. Erweitert man in dieser Gleichung beide Seiten mit dem Quotienten $d_{in} / D_{i,j}$, so erhält man folgenden Zusammenhang:

$$\beta_{im}^{B} \cdot d_{in} / D_{i,j} = 1{,}614 \cdot \left(D_{i,j}^{2} \cdot w^{B} \cdot d_{in}^{3} / \left(d_{in} \cdot L_{eff} \cdot D_{i,j}^{3} \right) \right)^{1/3} \quad (4.11)$$

Nach Umstellung und Erweiterung des Klammerausdrucks in Zähler und Nenner mit der kinematischen Viskosität der Flüssigphase v_{j}^{B} ergibt sich:

$$\left(\beta_{im}^{B} \cdot d_{in} / D_{i,j} \right) = 1{,}614 \cdot \left[\left(w^{B} \cdot d_{in} / v_{j}^{B} \right) \cdot \left(v_{j}^{B} / D_{i,j} \right) \cdot \left(d_{in} / L_{eff} \right) \right]^{1/3} \quad (4.12)$$

Die jeweils in Klammer zusammengefassten Größen in Gl. (4.12) beschreiben dimensionslose Kenngrößen. Der Klammerausdruck auf der linken Gleichungsseite ist die Sherwoodzahl Sh_{im}^{B}, der 1. Klammerausdruck in der eckigen Klammer steht für die Reynoldszahl Re^{B}, der 2. Ausdruck in der eckigen Klammer für die Schmidtzahl Sc_{j}^{B} und schließlich bleibt noch ein dimensionsloses Verhältnis der geometrischen Größen Innendurchmesser d_{in} und effektive Länge der Hohlfasermembran L_{eff}. Damit folgt aus Gl. (4.12):

$$Sh_{im}^{B} = \left(\beta_{im}^{B} \cdot d_{in} / D_{i,j} \right) = 1{,}614 \cdot \left[Re^{B} \cdot Sc_{j}^{B} \cdot \left(d_{in} / L_{eff} \right) \right]^{1/3} \quad (4.13)$$

$$Re^{B} = w^{B} \cdot d_{in} / v_{j}^{B} \quad (4.14)$$

$$Sc_{j}^{B} = v_{j}^{B} / D_{i,j} \quad (4.15)$$

Durch den nicht kreisförmigen Querschnitt des Strömungskanals auf der Dialysatseite (außerhalb des Hohlfaserbündels), wird dort analog zum Porendurchmesser einer Polymerschüttung (s. Porenmodell, Gl. (3.1)) als Äquivalentdurchmesser der hydraulische Durchmesser, wie folgt abgeleitet:

$$d_{h}^{D} = 4 \cdot A_{q} / U = \left(D^{2} - N \cdot d_{aus}^{2} \right) / \left(D + N \cdot d_{aus} \right). \quad (4.16)$$

Der Zähler beschreibt den Strömungsquerschnitt aus der Differenz des leeren Gehäusequerschnitts (mit dem Gehäusedurchmesser D) und dem Gesamtquerschnitt aller Hohlfasermembranen (mit der Anzahl der Hohlfasern N und dem Außendurchmesser einer Hohlfaser d_{aus}), der Nenner den insgesamt benetzten Umfang. Damit ergibt sich für die dimensionslosen Kenngrößen auf der Dialysatseite:

$$Re^{D} = w^{D} \cdot d_{h}^{D} / v_{j}^{D} \quad (4.17)$$

$$Sc_{j}^{D} = v_{j}^{D} / D_{i,j}, \quad (4.18)$$

womit analog zur Blutseite auch für die Dialysatseite eine Sherwood-Gleichung angegeben werden kann, in der Proportionalitätsfaktor a und Exponent b experimentell zu ermitteln sind (s. Raff et al (2003)):

$$Sh_{im}^{D} = \beta_{im}^{D} \cdot d_h^{D} / D_{i,j} = a \cdot \left[Re^{D} \cdot Sc_j^{D} \cdot \left(d_h^{D} / L_{eff} \right) \right]^{b} \qquad (4.19)$$

Aus Clearance-Messreihen, für die in Datenblättern von Dialysatoren üblicherweise angegebenen Moleküle ergeben sich für Polyflux-Dialysatoren von Baxter gute Korrelationen zwischen Experiment und Theorie, wenn für die dialysatseitige Sherwood-Zahl folgender Ansatz gewählt wird:

$$Sh_{im}^{D} = 0{,}74 \cdot \left(Re^{D} \right)^{1,2} \cdot \left[Sc_j^{D} \cdot \left(d_h^{D} / L_{eff} \right) \right]^{1/3} \qquad (4.20)$$

Für beide Sherwood-Gleichungen gilt, dass die aus Experimenten ermittelten Korrelations-Koeffizienten Werte ohne physikalische Bedeutung sind. Weiterführende Versuche zeigen jedoch, dass für den dialysatseitigen Stoffübergang durchaus Abhängigkeiten dieser Koeffizienten von Veränderungen des Strömungskanals z. B. durch Erhöhung der Packungsdichte oder des Ondulierungsgrads (Intensität der Kräuselung der Hohlfasern), oder durch spezielle Einbauten im Gehäuse möglich werden. Auffallend im Vergleich der beiden Sherwood-Ansätze ist, dass der Exponent der dialysatseitigen Reynoldszahl deutlich höher ist, als der der blutseitigen Reynoldszahl.

Über die Bilanz einer betrachteten Komponente im stationären Betrieb kann durch Kombination der Gl. (4.6, 4.7 und 4.8) der Stoffdurchgangskoeffizient für diese Komponente K_{0im} berechnet werden. Aus den Sherwood-Beziehungen (4.13) und (4.20) ergeben sich die Stoffübergangskoeffizienten β_{im}^{B} und β_{im}^{D}. Schließlich errechnet sich aus Gl. (3.49) die diffusive Permeabilität P_i^{M}. Die Reziprokwerte dieser Koeffizienten sind gemäß Gl. (3.54) die Stofftransport-Widerstände R_i^{B}, R_i^{M} und R_i^{D}.

Zur Diskussion einiger Einflussgrößen auf den diffusiven Stofftransport durch Membranen in Dialysatoren sind in Abb. 4.3 Ergebnisse der für zwei Dialysatoren von Gambro/Baxter mit den hier angegebenen Gleichungen berechneten Transportwiderstände gegenübergestellt.

Der Lowflux-Dialysator **Polyflux14 L** (s. Datenblatt: *HCDE2491_2 © 2009.03. Gambro Lundia AB)* enthält eine asymmetrische Hohlfaser-Membran mit einem Innen-Durchmesser von 215 μm und einer Wandstärke von 50 μm. Im Highflux-Dialysator **Revaclear 300** (s. Datenblatt *HCDE15649_2 © 2013.03. Gambro Lundia AB)* wurde unter Beibehaltung einer asymmetrischen Membran-Struktur der Innendurchmesser auf 190 μm und die Wandstärke auf 35 μm reduziert.

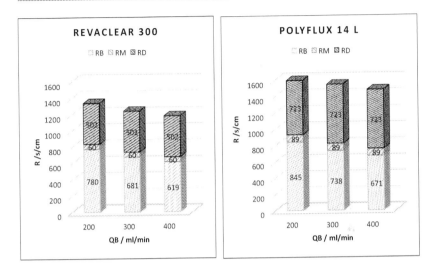

Abb. 4.3 Stofftransportwiderstände für Harnstoff bei den Dialysatoren Revaclear 300 und Polyflux 14 L in Abhängigkeit des Blutflusses, (Grafik erstellt mit Datenblattwerten des Revaclear 300 und des Polyflux 14 L), mit freundlicher Genehmigung von Baxter International Inc

Die Membranfläche ist bei beiden Dialysatoren 1,4 m². Die Werte der Stofftransport-Widerstände wurden für die Blutflüsse 200, 300 und 400 ml/min, einem konstanten Dialysat-Fluss (500 ml/min) und ohne Ultrafiltration (UF = 0 ml/min) für Harnstoff berechnet. Die Ergebnisse für den Polyflux 14 L zeigen für die Dialysat-Transportwiderstände R_i^D konstante Werte von 723 s/cm, was durch Beibehaltung des Dialysat-Flusses von 500 ml/min auch so sein sollte. Die Blut-Transportwiderstände R_i^B verringern sich durch Steigerung des Blutflusses von 845 auf 671 s/cm und als Folge daraus verringern sich auch die Gesamt-Transportwiderstände von 1657 s/cm auf 1483 s/cm, da die Membran-Transportwiderstände für alle Blutflüsse bei etwa 89 s/cm liegen.

Die Transportwiderstände für Harnstoff im Revaclear 300 sind alle geringer als im Polyflux 14 L. Der Membran-Widerstand wegen der geringeren Wandstärke und wegen der optimierten diffusiven Eigenschaften in den größeren Poren des Highflux-Dialysators, der Blut-Widerstand wegen des geringeren Innendurchmessers und des dadurch erhöhten Stoffübergangskoeffizienten in den Hohlfasern, der Dialysat-Widerstand wegen verbesserter Umströmung der Fasern durch einen optimierten Bündelaufbau. Als Resultat dieser Maßnahmen ist dann auch der Gesamt-Transport-Widerstand im Revaclear 300 deutlich kleiner und

damit der Stoffdurchgangs-Koeffizient und die Clearance bei gleichen Betriebsbedingungen deutlich höher als im Polyflux 14 L. Die Potenziale für die Verbesserung der diffusiven Clearance für Harnstoff liegen also in einer Optimierung
der blut- und dialysatseitigen Strömungsführung und in Maßnahmen zur Reduzierung des Membranwiderstands. Stellt man dieselben Betrachtungen für ein
größeres Molekül, wie z. B. Vitamin B12 an, dominiert der Membranwiderstand
gegenüber den Grenzschicht-Widerständen, und dies natürlich in erheblichem
Maße bei der Lowflux-Membran des Polyflux 14 L.

Ein weiteres Potenzial zur Erhöhung der Entfernungsrate ergibt sich durch
die Überlagerung des rein diffusiven durch einen zusätzlich konvektiven Transport. Eine Darstellung der Clearance-Werte von Harnstoff und Vitamin B12 aus
dem Datenblatt des Revaclear 300 für unterschiedliche Betriebsbedingungen (s.
Abb. 4.4) zeigt, dass die Erhöhung der Clearance kleiner Moleküle, wie Harnstoff, durch konvektiven Transport (UF = 60 ml/min) gering ist (2–4 %), während
diese bei größeren Molekülen, wie Vitamin B12, um ca. 10 % gesteigert werden
kann. Ähnlich hohe Veränderungen der Clearance-Werte ergeben sich für Vitamin B12, wenn man bei UF = 0 ml/min den Dialysat-Fluss von 500 auf 800 ml/
min erhöht. Diese Maßnahme führt auch bei Harnstoff zu einer durchaus signi-
fikanten Erhöhung der Clearance. Allerdings steigen dadurch auch die Kosten für
Zubereitung und Entsorgung der deutlich höheren Dialysat-Volumenströme!

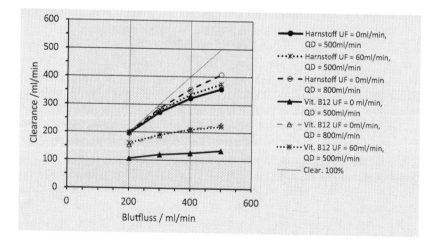

Abb. 4.4 Einflüsse der Blut- und Dialysat-Volumenströme sowie der Ultrafiltration auf
die Clearances von Harnstoff und Vitamin B12 (Grafik erstellt mit Datenblattwerten des
Revaclear 300), mit freundlicher Genehmigung von Baxter International Inc

Beim Einsatz von Lowflux-Membranen dominiert also bei kleinen Molekülen der diffusive Transport. Bei Highflux-Membranen ist der konvektive Transport vor allem für große Moleküle vorteilhaft, allerdings wird durch das Auftreten von Hin- und Rückfiltration innerhalb eines Moduls dieser Effekt teilweise wieder reduziert. Die mathematische Beschreibung der überlagerten Transportprozesse für Membranen aus dem Highflux-Bereich ist im Rahmen dieser Einführung nicht möglich, daher wird auf entsprechende Literatur verwiesen (z. B. Raff et al. 2003; Eloot 2004; Wüpper 1997).

4.1.2 Hämofiltration

Das erste „International Meeting on Hemofiltration" fand im Dezember 1981 in Berlin statt. Ende der 60er Jahre des letzten Jahrhunderts waren synthetische Membranen für diese Anwendung erstmals entwickelt worden. Auf der Konferenz in Berlin wurde über die Vorteile dieses Verfahrens gegenüber der Dialyse, wie höhere Kreislauf- und Blutdruck-Stabilität und die besseren Entfernungsraten für größere Moleküle berichtet. Es gab auch bereits Erkenntnisse über die Arterio-Venöse Ultrafiltration zur Dehydrierung von Patienten mit „Fluid Overload". In den Jahren zwischen 1975 und 1985 entwickelte sich die Hämofiltration als gleichwertige Ergänzung zur Hämodialyse. Durch die rasante Entwicklung von Mikroprozessoren, wurde es möglich auch die von hohen Dialysat-Flüssen überlagerte geringe Ultrafiltration in Dialyse-Monitoren exakt zu regeln und durch die Einführung von Highflux-Membranen mit einer vergleichbaren Rückhalte-Charakteristik wie die Hämofilter-Membran wurde auch die Durchlässigkeit von größeren Molekülen realisiert. Da die Kosten für die in hohen Volumina (30–40 l) einzusetzende sterile Substitutionsflüssigkeit für die Hämofiltration deutlich höher sind als die für das Dialysat, wird die Hämofiltration heute nur noch selten zur Behandlung von Patienten mit ESRD eingesetzt.

Die Hämofiltration ist ein Crossflow-Verfahren, bei dem über die Einstellung eines geeigneten Transmembrandruckes dem Blut Flüssigkeit entzogen wird. Die Ultrafiltration wird bei diesem Verfahren durch Infusion einer sterilen Substitutionslösung in den arteriellen (pre-dilution) oder den venösen (post-dilution) Blutschlauch. Der Infusions-Volumenstrom wird so eingestellt, dass dem Patienten netto wieder etwa 2 l in 4 h (also etwa 8,3 ml/min) entzogen werden. Bei einem Ultrafiltrat-Volumenstrom von 150 ml/min muss der Infusionsstrom also 141,7 ml/min betragen.

Bei dieser im Vergleich zur Dialyse hohen Ultrafiltrationsrate werden Proteine konvektiv an die Membranoberfläche transportiert und es bildet sich eine

Konzentrationsgrenzschicht. Entsprechend können die Abhängigkeiten der Zielgrößen (UF und Clearance) mit dem Modell des Grenzschichtkontrollierten Stofftransports im Crossflow-Verfahren (s. Abschn. 3.2) beschrieben werden. Dies soll
anhand von Daten aus dem Datenblatt für das „Prismaflex System Hemofilter
Set" von Baxter erläutert werden (s. Abb. 4.5). Das System kommt bei akutem
Nierenversagen auf Intensivstationen zur Anwendung, und wird als „Continu-
ous Veno-Venous Hemofiltration (CVVH)" bezeichnet. Die durch in vitro Versuche mit eingestelltem Rinderblut (Hkt = 32 %, Prot.-Konz.: 60 g/l) ermittelten
Verläufe der Ultrafiltration über dem Transmembrandruck sind mit denen aus
den Versuchen von Neggaz mit wässrigen Albuminlösungen vergleichbar (s.
Abschn. 3.2, Abb. 3.5). Im Bereich der vollständig ausgebildeten Grenzschicht
führt eine weitere Erhöhung des TMP nicht mehr zu einer Zunahme der UF. Vergleicht man die Verläufe bei unterschiedlichen Blutflüssen, erkennt man, dass der
Bereich des grenzschichtkontrollierten Stofftransports bei höheren Blutflüssen
sich zu höheren Transmembrandrücken verschiebt und bei den hohen Blutflüssen
noch bei TMP = 500 mmHg noch nicht erreicht wird. Im untersuchten TMP-Bereich ist nur für $Q^B = 100$ ml/min ein Plateau deutlich erkennbar.

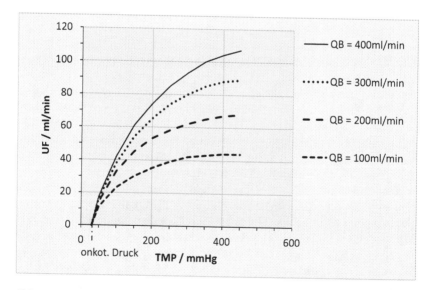

Abb. 4.5 Abhängigkeit der Ultrafiltration eines Hämofilters vom Transmembrandruck bei
unterschiedlichen Blutflüssen (Grafik erstellt mit Datenblattwerten des Prismaflex M100
Set; 306100279_1,2009.09. Gambro Lundia AB), mit freundlicher Genehmigung von Baxter International Inc

Der Verlauf der Kurven kann, wie in Abschn. 3.2 beschrieben, in drei Bereiche unterteilt werden. Im relativ kleinen „Linearen Bereich", im Beispiel bei Transmembrandrücken zwischen 30 und 50 mmHg kann man davon ausgehen, dass sich keine Konzentrations-Grenzschicht ausbildet. Der wesentliche Transportwiderstand in diesem Bereich ist der hydraulische Membran-Widerstand R_h^M der durch Plasmakontakt veränderten Membran. Daher kann der Zusammenhang zwischen UF und TMP in diesem Bereich mit dem erweiterten Porenmodell (s. Abschn. 3.1) beschrieben werden.

$$UF = UFK \cdot (TMP_m - \pi_{onk.}) \tag{4.21}$$

Die osmotische Druckdifferenz zwischen Feed-(Blut-) und Permeatseite darf näherungsweise als onkotischer Druck der zurückgehaltenen Proteine angenommen werden. Erst wenn der mittlere TMP diesen Wert übersteigt, kommt es zu einer Filtration aus dem Blut ins Permeat (Hämofiltrat).

Der Bereich, in welchem die UF unabhängig vom TMP ist wird gemäß Modell erreicht, wenn die Konzentrationsgrenzschicht der impermeablen Komponenten vollständig ausgebildet ist und den Transportwiderstand dominiert. Für diesen Bereich gilt in abgewandelter Form ($\dot{V}^P = UF$, Index „F" = Index „B") Gl. (3.37) aus Abschn. 3.2.

$$UF = A^M \cdot \beta_{im}^B \cdot \ln\left(c_{iw}^B / c_{iKm}^B\right)$$

$$= A^M \cdot 1{,}614 \cdot \left(D_{i,j}^2 \cdot w_m^B / \left(d_{in} \cdot L_{eff}\right)\right)^{1/3} \cdot \ln\left(c_{iw}^B / c_{iKm}^B\right) \tag{4.22}$$

Aus dieser Gleichung ist direkt erkennbar, dass die UF nicht mehr vom TMP abhängt. Die Einflüsse von Betriebs-, Stoff- und geometrischen Größen sind abgeleitet aus der für laminare Strömung empfohlenen Gleichung für den blutseitigen Stoffübergangskoeffizienten β_{im}^B. Für die Behandlung eines Patienten (gleiche Stoffwerte) mit demselben Hämofilter (gleiche geometrische Daten) reduzieren sich die Einflussmöglichkeiten auf die blutseitige mittlere Strömungsgeschwindigkeit:

$$w_m^B = 4 \cdot Q_m^B / \left(N \cdot \pi \cdot d_{in}^2\right) = 2 \cdot \left(Q_{ein}^B + Q_{aus}^B\right) / \left(N \cdot \pi \cdot d_{in}^2\right) \tag{4.23}$$

Die UF kann also in diesem TMP-unabhängigen Bereich nur durch Erhöhung des mittleren Blutflusses Q_m^B (bzw. des Blutflusses am Eintritt) gesteigert werden. Im Modell bedeutet dies, dass der blutseitige Stoffübergangskoeffizient β_{im}^B steigt, weil durch höhere Scherung die Grenzschichtdicke δ_{im}^B abnimmt!

An den Verläufen der Ultrafiltration für das M100-Set (s. Abb. 4.5) ist erkennbar, dass die Steigerung der Ultrafiltration mit dem Blutfluss bereits im Übergangsbereich zwischen membrankontrolliertem und grenzschicht- kontrolliertem Stofftransport deutlich ausgeprägt ist. Es macht also Sinn, auch in diesem Bereich, beschrieben durch die Kombinations-Gleichung nach Neggaz (s. Gl. (3.43), den Blutfluss möglichst hoch einzustellen, sofern die Situation des Patienten dies erlaubt.

Analog zu den Versuchen von Neggaz zeigen auch Messungen von Göhl et al. (1982), dass In einem halblogarithmischen Diagramm die Funktion

$$UF/A^M = \beta_{im}^B \cdot \ln\left(c_{iw}^B/c_{iKm}^B\right) = \beta_{im}^B \cdot \ln c_{iw}^B - \beta_{im}^B \cdot \ln c_{iKm}^B \qquad (4.24)$$

einen linearen Verlauf mit der Steigung $-\beta_{im}^B$ und dem x-Achsenabschnitt c_{iw}^B bei $UF/A^M = 0$ ergibt (s. Abb. 4.6). Die Wandkonzentration c_{iw}^B, welche man im Schnittpunkt der verlängerten Geraden für konstante mittlere Strömungs- geschwindigkeit mit der x-Aches findet, liegt etwa bei 30 Mas%. Auch der Ein- fluss der Blut-Strömungsgeschwindigkeit $w_m^B = v_M$ wird qualitativ bestätigt, da sich mit zunehmender Geschwindigkeit bei gleicher Kernkonzentration die Ultra- filtrations-Stromdichte erhöht.

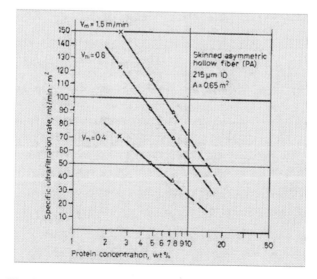

Abb. 4.6 Ultrafiltrations-Stromdichte als Funktion der Kernkonzentration der impermea- blen Komponente (Proteine) bei unterschiedlichen Überströmungsgeschwindigkeiten (Quelle: Göhl et al. 1982), mit freundlicher Genehmigung von Karger

Was die Entfernung harnträchtiger Substanzen betrifft, erfolgt diese bei der Hämofiltration rein konvektiv. Ausgehend von Gl. (3.60) ergibt sich der konvektiv transportierte Massenstrom einer permeablen Komponente „i" im stationären Betrieb mit $\dot{V}_{ein}^{F} = Q_{ein}^{B}$ und $\dot{V}^{P} = UF$ zu:

$$\dot{M}_{i,konv} = Q_{ein}^{B} \cdot \left(c_{i,ein}^{B} - c_{i,aus}^{B}\right) + UF \cdot c_{i,aus}^{B} \qquad (4.25)$$

Da die Konzentration einer permeablen Komponente „i" auf Blut- und Filtratseite unverändert bleibt $\left(c_{i,ein}^{B} = c_{i,aus}^{B}\right)$, ergibt sich die konvektive Clearance bei der Hämofiltration zu:

$$Cl_{i,konv} = \dot{M}_{i,konv} / c_{i,ein}^{B} = UF \qquad (4.26)$$

Die Entfernungsrate für gelöste Komponenten steigt also mit der UF und ist daher mit den oben diskutierten Maßnahmen zur Erhöhung der UF zu steigern. Da die UF in Hemofiltern zur Vermeidung eines hohen Hematokrit in der venösen Rückführung zum Patienten üblicherweise auf einen Wert von 20 bis 30 % des Blut-Volumenstromstroms am Eintritt eingestellt wird, liegen die Clearance-Werte für niedermolekulare, Komponenten bei der Hemofiltration deutlich unter den Werten bei der Dialyse. Bei den höhermolekularen, permeablen Komponenten hingegen sind die Clearances bei der Hämofiltration besser, als die bei der Lowfluxdialyse und etwa in der Größenordnung der Highfluxdialyse.

4.2 Künstliche Leber MARS und PROMETHEUS

Die Funktionen der menschlichen Leber sind so vielschichtig, dass die heute verfügbaren Künstliche-Leber-Prozesse nur einen sehr geringen Bruchteil davon übernehmen können. Dies sind, wie bei der Künstlichen Niere, im Wesentlichen die Entgiftungsfunktionen. Im Unterschied zur Niere, werden in der Leber vorwiegend hydrophobe Toxine, welche proteingebunden im Blutplasma gelöst sind, durch Entkoppelung vom Trägerprotein mit anschließender Hydrophilisierung der Toxine über Galle und Darm entsorgt. Ein solches Toxin ist z. B. indirektes, unkonjugiertes Bilirubin, ein Abbauprodukt des roten Blutfarbstoffs, des Hämoglobin. Der Bilirubinkreislauf in Abb. 4.7 zeigt, dass Bilirubin in der Milz frei wird und durch Bindung an Albumin als indirektes Bilirubin in den Blutkreislauf eingeschleust wird.

Der Komplex aus Albumin und Bilirubin wird in der Leber separiert. Albumin wird mit der nun freien Bindungsstelle wieder in den Blutkreislauf zurückgeführt und Bilirubin wird an Glucuronsäure gekoppelt und dadurch zu direktem, wasserlöslichem Bilirubin umgewandelt, welches teilweise über Galle und Darm oder über die Nieren ausgeschieden werden kann.

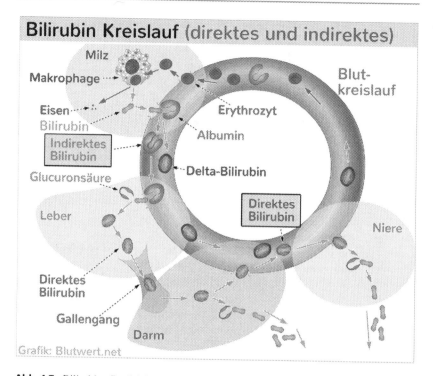

Abb. 4.7 Bilirubin-„Produktion" in der Milz durch Abbau von Erythrozyten und Ausscheidung über Leber, Galle, Darm und Niere (Quelle: Mißfeldt (o. J.), mit freundlicher
Genehmigung des Autors

Um diesen Weg in einer Künstlichen Leber umsetzen zu können, muss man
beide physikalisch-chemischen Schritte, Abspaltung der Toxine vom Trägerprotein und Ausscheidung von Bilirubin im Membran-Prozess ermöglichen.
Stange et al. (1993) berichteten über erste Erfolge eines Prozesses zur Entfernung proteingebundener Medikamente und Toxine durch Dialyse mit Albumin in einem geschlossenen Dialysat-Kreislauf, in welchem mit Toxin beladenes
Albumin kontinuierlich recycled wird. Aus diesen Arbeiten entwickelte sich
das „Molekulare-Adsorbentien-Rezirkuliernde-System (MARS)" (s. Abb. 4.8)
in Kooperation der Rostocker Firma Teraklin, die den MARS-Monitor produzierte und der Firma Gambro (heute Baxter), mit der Aufgabe, eine für diese
Anwendung optimierte Membran zu entwickeln.

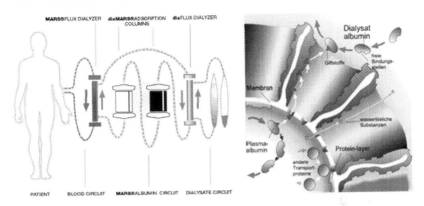

Abb. 4.8 Schema einer „Künstlichen Leber" nach dem „Molecular Adsorption Recirculation System MARS" (Baxter Internal Data), mit freundlicher Genehmigung von Baxter Inc

Die Abtrennung des Toxins vom Albumin im „MARSFlux-Dialyser" erfolgt dadurch, dass der Albumin-Toxin-Komplexe teilweise dissoziiert. Das freie Toxin-Molekül wandert diffusiv durch die Membran-Skin und trifft dialysatseitig auf eine Lösung mit Human-Albumin, in welcher das Toxin durch Bindung an Albumin aufgenommen wird. Der gebildete Albumin-Toxin-Komplex wird im MARS-Kreislauf über Aktivkohle-Adsorption und Ionenaustausch getrennt, indem das Toxin entweder durch van der Waals'sche Kräfte an Aktivkohle adsorbiert oder durch ionische Wechselwirkungen im Austausch mit Gegen-Ionen an geeignete Ionenaustauscher-Harze angelagert wird. Regeneriertes Albumin strömt dann zurück zum Dialysateintritt des „MARSFlux-Dialyser" und kann dort erneut ein freies Toxin-Molekül binden. Sofern sowohl Leber als auch Niere des Patienten ihre Funktion verloren haben, kann ein konventioneller Dialysator-Kreislauf im „MARS-Albumin-Circuit" die Funktion der „Künstlichen Niere" übernehmen.

Diese „Albumin-Dialyse" mit dem MARS-System ist ein Gegenstromverfahren und so gelten die in Abschn. 3.3 und 4.1.1 abgeleiteten Gleichungen zur Beschreibung des transmembranen Stofftransports.

$$Cl_{i,diff} = Q^B \cdot \left(1 - c_{i,aus}^B / c_{i,ein}^B\right) = \left(K_{0im} \cdot A^M \cdot \Delta c_{im}\right) / c_{i,ein}^B \qquad (4.27)$$

Dieser Gleichung liegt zugrunde, dass die Moleküle sich frei im Plasma bewegen können.

Meyer et al. (2004) untersuchten am Dialysator Optiflux F200NR von Fresenius mit einem „künstlichen Plasma", zunächst **ohne Albumin** gegen ein Standard

Dialysat, Clearance-Werte für Harnstoff, Kreatinin und Phenol Red (PR). Der Clearance-Wert für Phenol Red mit einer Molmasse von 354 g/mol war geringer als die Clearances von Harnstoff (Molmasse: 60 g/mol) und Kreatinin (Molmasse: 113 g/mol), aber mit einem Wert von 158 ml/min (beim Optiflux; $Q^B = 205$ ml/min und $Q^D = 289$ ml/min) gegenüber 182 ml/min für Harnstoff und 183 ml/min für Kreatinin in der erwarteten Größenordnung.

Nach **Zugabe von Albumin (42 g/l)** in das „künstliche Plasma" blieben die Clearance-Werte für Harnstoff und Kreatinin nahezu unverändert, während die Clearance von PR (14 ml/min) um etwa 90 % gegenüber der ohne Albumin reduziert wurde. Dieser Unterschied ergibt sich, weil PR mit einer Gleichgewichtskonstante von:

$$K_{A-PR} = c_{PR,b} / \left[c_{PR,f} \cdot \left(c_A - c_{PR,b} \right) \right] = 2{,}8 \cdot 10^4 M^{-1} \qquad (4.28)$$

an Albumin gebunden wird und nur der freie Anteil $c_{PR,f}$ die Membran permeieren kann. Mit dem Wert für K_{A-PR} errechnet sich der Anteil für freies PR nach:

$$f = c_{PR,f} / \left(c_{PR,f} + c_{PR,b} \right) = c_{PR,f} / c_{PR} = 1 / \left[1 + (c_A - c_{PR}) \cdot K_{A-PR} \right] \qquad (4.29)$$

zu etwa 0,06 (Indizes: f = frei, b = bound, A = Albumin und PR = Phenol Red). Das bedeutet, dass 94 % des gesamten PR im Albumin-Plasma an Albumin gebunden sind. Durch Erhöhung des Stoffdurchgangskoeffizienten K_{0im} über eine Erhöhung des Dialysatflusses von etwa 290 ml/min auf 740 ml/min konnten die Clearance-Werte für Harnstoff und Kreatinin deutlich gesteigert werden, PR verbesserte sich jedoch nur geringfügig.

In vitro Versuche von Raff et al. (2006) mit dem MARS-System bestätigen qualitativ die Ergebnisse von Meyer und zeigen für Toxine mit unterschiedlich starker Affinität zum Albumin, dass der diffusive Transport durch die Membran wesentlich von den Bindungskräften zwischen Protein und Toxin, ausgedrückt durch die Bindungskonstante K_A, abhängig ist. Bei den Versuchen mit durch ABT (Albumin-Bound-Toxins) angereichertem Plasma wurden die über der Zeit erfassten Konzentrationen auf die Messwerte 30 min nach Start des Experiments bezogen, weil nach dieser Zeit konstante Betriebsbedingungen (Flüsse, Drücke, Temperatur) eingestellt waren. Die Konzentrationen im Plasmapool bei Blut- und Dialysat-Flüssen von jeweils 250 ml/min erreichen nach einer Versuchszeit von 150 min für unkonjugiertes Bilirubin (UB) etwa 92 %, für Diazepam (D) etwa 35 % und für Chenodeoxycholsäure (CC) etwa 45 % der Werte nach 30 min (s. Abb. 4.9). Im Versuch von Meyer lagen die PR-Konzentrationen nach 120 min Versuchsdauer, bei Dialysat-Flüssen von 300 und 750 ml/min bei etwa 65 bzw. 55 % der Startkonzentration. Eine Variation der dialysatseitigen Albuminkonzentration und des Dialysat-Flusses Q^D zeigten, dass die

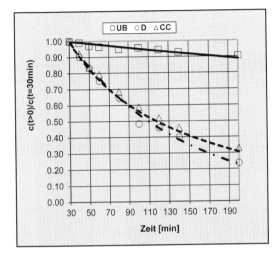

Abb. 4.9 Entfernungsraten für unkonjugiertes Bilirubin (UB), Chenodeoxycholsäure (CC) und Diazepam (D) im MARS-System (Quelle: Vortrag Euromembrane, Raff et al. 2006)

Entfernungsrate erst dann durch Q^D beeinflusst wird, wenn substanzspezifische Mindestkonzentrationen an Albumin unterschritten werden.

Im Vergleich zum diffusiven Transport von wasserlöslichen Toxinen in der Künstlichen Niere, scheinen die Stoffübergangskoeffizienten β_{im}^B und β_{im}^D für albumingebundene Toxine in der Künstlichen Leber mit dem MARS-System nur bei den weniger stark gebundenen Toxinen den diffusiven Transport zu beeinflussen. Entscheidend für den Transport von Lebertoxinen im MARS-System ist offensichtlich die diffusive Membran-Permeabilität P_i^M bzw. der diffusive Membranwiderstand R_i^M, und damit die bei der Herstellung der Membran zum Einsatz kommenden Polymere, sowie die durch den Herstellprozess bedingten charakteristischen geometrischen Kenngrößen, wie z. B. Porengrößen-Verteilung, Porosität, Membranstruktur, usw.

Vergleichsmessungen mit unterschiedlichen Membranmaterialien von Reimann et al. (1996) zeigen, dass eine geeignete Verteilung von hydrophilen und hydrophoben Domänen im Polymer im Vergleich zu rein hydrophilen oder rein hydrophoben Polymeren die besten Ergebnisse liefert. *UF-Membranen aus hydrophoben Polymeren (z. B. Polyamid)* entfernen zwar hydrophobe Toxine, allerdings nur solange bis die Bindungsstellen für die Toxine auf der Membran gesättigt sind. Die Bindung zwischen Toxin und Polymer scheint so stark, dass ein weiterer Transport durch die Poren unterbleibt. *Dialyse-Membranen aus hydrophilen Polymeren (z. B. Cuprophan)* zeigen praktisch keine Entfernung hydrophober Toxine. Die hydrophil-hydrophoben Wechselwirkungen sind offensichtlich groß genug, um auch dissoziierte, freie Toxin-Moleküle zurückzuhalten.

Die Vorteile einer asymmetrischen Struktur könnten darauf zurückgeführt werden, dass dialysatseitiges Albumin durch die großporige Außenhaut in den Bereich der Vakuolen eindringen und dort bereits Toxine „abholen" kann (s. Abb. 4.8). Dann würden weniger freie Toxine in den Dialysat-Strom gelangen, was ein weiterer Hinweis darauf wäre, dass der dialysatseitige Stoffübergangswiderstand R_i^D bei Modulen mit solchen Membranen vernachlässigt werden kann.

Die Interpretation der Bedeutung der Membranstruktur für das MARS-Verfahren ist schwierig, weil die spezifischen Bindungskräfte zwischen Toxin und Trägerprotein einerseits und zwischen Toxin und Membranpolymer andererseits entscheidend sind für den diffusiven Transport, und dieser nicht für alle Toxine gleichermaßen optimiert werden kann. Man wird daher die Behandlung von akutem Leberversagen mit dem MARS-System an den am schwierigsten zu entfernenden Komponenten (z. B. UB) orientieren und höhere Kosten durch hohe dialysatseitige Albumin-Konzentrationen in Kauf nehmen.

Das von Fresenius angebotene System „PROMETHEUS" zur Unterstützung der Leberfunktion verfolgt ein anderes Konzept (s. Abb. 4.10).

Die Membran im darin verwendeten „Albuflow-Filter" hat einen deutlich höheren MWCO als jene im MARS-Filter und ist so ausgelegt, dass Albumin-Toxin-Komplexe, und andere Proteine dieser Größenordnung die Membran mit einem Siebkoeffizienten von etwa 0,7 passieren können. Der Transport durch die Membran erfolgt bei diesem Crossflow-Verfahren konvektiv. Das Filtrat wird über zwei Adsorber mit neutralem Harz (Albuflow AF01) und mit Anionentauscher-Harz (Albuflow AF02) gepumpt, in welchen die Toxine vom Albumin an die Harze übergehen. Das dadurch toxinfreie Patienten-Albumin wird auf der venösen Seite dem Albuflow-Filter zugeführt und durch Rückfiltration ins venöse Blut gedrückt. Falls erforderlich, kann hinter dem Albuflow noch ein Dialysator eingefügt werden, der die Entfernung harnpflichtiger Substanzen übernimmt.

Die Clearance der „Albumin-Bound-Toxins (ABT)" ist hier also durch die Filtrationsrate bestimmt. Der Albuflow kann entsprechend der Transport-Gleichungen für den grenzschicht-kontrollierten Stofftransport im Crossflow-Verfahren (s. Abschn. 3.2) ausgelegt werden, wobei durch die Rückführung des gereinigten Albumins in den Filtrat Raum des Albuflow entsprechende Druckverhältnisse zu berücksichtigen sind. Für die gewünschte Ultrafiltration muss auch die Entfernungskinetik der Toxine in den Adsorbern beachtet werden, und

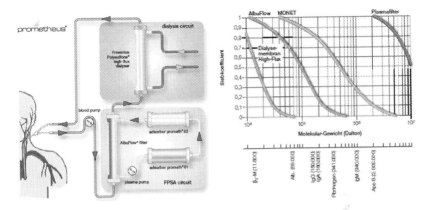

Abb. 4.10 PROMETHEUS Therapiesystem von Fresenius zur Unterstützung der Leber-Funktion (Quelle: Datenblatt Fresenius: Prometheus: 732 042 1/2 GB (1 GUT 12.07) © Copyright 2007 Fresenius Medical Care (FMC) Deutschland GmbH) und Siebkoeffizienten ausgewählter Fresenius-Membranen (Quelle: Broschüre Therapeutische Apherese Fresenius733 995 1/1 D (1 PUR 12.06) © Copyright 2006 Fresenius Medical Care Deutschland GmbH), mit freundlicher Genehmigung von FMC

dabei die kompetitive Adsorption anderer Komponenten, die in diesem sehr speziellen Filtrat mit Molekülen bis zu einer Größenordnung von etwa 200 kD enthalten sind.

Vergleicht man die beiden Systeme, so wird im PROMETHEUS-Verfahren der Albumin-Toxin-Komplex aus dem Patienten-Blut entfernt, in einer Reihenschaltung von Adsorber und Ionentauscher regeneriert und dem Patienten zurückgeführt. Im MARS-System wird der Albumin-Toxin-Komplex im Patienten-Blut entkoppelt und nur das Toxin permeiert durch die Membran auf die Dialysatseite des „MARSdialyser", wo es von „fremdem" Albumin aufgenommen und zu Adsorber und Ionentauscher transportiert wird.

Man darf annehmen, dass die Entfernungsrate speziell für Toxine mit hohen Bindungskonstanten beim Prometheus-Verfahren höher ist, als beim MARS-System, allerdings ist dadurch auch ein Anteil des Patienten-Blutplasma im Kontakt mit Adsorbentien und IAT-Harzen, was zu Verlusten von Wertstoffen (Proteine, Hormone, usw.) durch unspezifische Anlagerung führen kann und auch die Standzeit der Regenerationsmaterialien verringert. Beide Behandlungsarten werden nach Nevens et al. (2012) von Patienten mit „Acute Liver Failure (ALF)" gut toleriert insbesondere zur Überbrückung der Zeit bis zu einer Leber Transplantation.

4.3   Künstliche Lunge, Oxygenation

Die Lunge ist das Austauschorgan im kleinen Blutkreislauf des Menschen, welches Blut mit Sauerstoff (O_2) aus der eingeatmeten Luft versorgt und Kohlendioxid (CO_2) über die auszuatmende Luft entsorgt. Das Blut wird von der rechten Herzkammer durch die Lungenarterien in die Lungenkapillaren gepumpt, wo die Absorption von O_2 und die Desorption von CO_2 stattfinden.

Im Unterschied zu den Verfahren der „Künstlichen Niere" und der „Künstlichen Leber", bei denen der Stoffaustausch zwischen zwei Flüssigphasen erfolgt, werden in der Künstlichen Lunge die Komponenten über eine Gas-Flüssig-Phasengrenze ausgetauscht. Bei derartigen Verfahren gibt es aufgrund der unterschiedlichen Löslichkeit der Komponenten in den beiden Phasen an der Phasengrenze einen Konzentrationssprung. Die Bedingung für das stoffliche Gleichgewicht zwischen Gas und Flüssigphase ist, dass die Partialdrücke einer Komponente „i" in den anliegenden Phasen gleich groß sind. Für eine ideale Gasphase ist beim Gesamtdruck p der Zusammenhang zwischen Stoffmengenanteil einer Komponente „i" in der Gasphase $\tilde{y}_i$ und Partialdruck p_i^G durch das Dalton'sche Gesetz beschrieben:

$$p_i^G = \tilde{y}_i \cdot p \tag{4.30}$$

Für den Partialdruck der (realen) Flüssigphase p_i^L gilt bei kleinem Stoffmengenanteil der Komponente „i" in der Flüssigphase $\tilde{x}_i$ das Henry'sche Gesetz mit der temperaturabhängigen Henry-Konstante $He_i(T)$:

$$p_i^L = \tilde{x}_i \cdot He_i(T) \tag{4.31}$$

Aus den beiden Gleichungen folgt für den Zusammenhang der molaren Anteile einer Komponente „i" im Phasengleichgewicht ($p_i^G = p_i^L$)

$$\tilde{x}_i = \tilde{y}_i \cdot p \big/ He_i(T) \tag{4.32}$$

Löst man Sauerstoff aus Umgebungsluft ($\tilde{y}_{O_2} = 0{,}21\, mol\, O_2 / mol\, Luft$) bei $T = 37\,°C$ und $p = 1$ bar in Wasser, so ergibt sich mit dem Henry-Koeffizienten $He_{O_2}(37°C) = 52626\, bar$ der molare Anteil von Sauerstoff in Wasser zu $\tilde{x}_{O_2} = 4 \cdot 10^{-6} mol\, O_2 / mol\, H_2O$. Sobald diese im Vergleich zur Luft um fünf Größenordnungen kleinere Konzentration im Wasser erreicht ist, endet der Sauerstoffeintrag aus Umgebungsluft in Wasser. Zur Vermeidung der Unstetigkeit des Konzentrationsverlaufs über die Gas-Flüssig-Phasengrenze, verwendet man in diesen Systemen gerne den Partialdruck als Konzentrationsmaß.

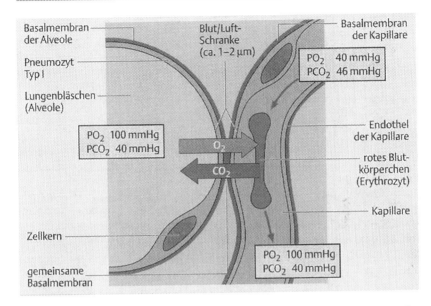

Abb. 4.11 Austausch von Sauerstoff O₂ und Kohlendioxid CO₂ in der Lunge (Quelle: Faller und Schünke 1999), mit freundlicher Genehmigung von Thieme

Abb. 4.11 zeigt die mittleren Partialdrücke für O_2 und CO_2 in der Gasphase (Alveole) und in den Flüssigphasen (Bluteintritt und Blutaustritt) einer menschlichen Lunge. Der Sauerstoff-Partialdruck im Bluteintritt, in der Pulmonal-Arterie, bis zum Stoffaustausch im Bereich der „gemeinsamen Basalmembran" beträgt im Mittel 40 mmHg, was einer Konzentration von 1,26 ml O_2/l Blut entspricht. Am Austritt des Blutes aus der Lunge, in der Pulmonal-Vene, errechnet sich die Konzentration des rein physikalisch gelösten Sauerstoffs bei einem O_2-Partialdruck von $p_{O_2}^B = 100\,mm\,Hg$ zu 3,16 ml O_2/l Blut. Damit könnten bei einem Blutvolumenstrom von 5 l/min dem „Großen Kreislauf" 15,8 ml O_2/min angeboten werden. Da der Sauerstoffverbrauch eines erwachsenen Menschen in Ruhe aber etwa 250 ml O_2/min beträgt, muss im Blut deutlich mehr Sauerstoff enthalten sein, als dem physikalisch gelösten Wert entspricht und folglich auch ein deutlich höherer Sauerstofftransport aus der Atemluft ins Blut erfolgen.

Um die nötige Gesamtkonzentration an Sauerstoff in Blut zu erreichen, reagiert physikalisch gelöster Sauerstoff im Plasma mit dem in den Erythrozyten enthaltenen roten Blutfarbstoff Hämoglobin (Hb) zu $Hb(O_2)_4$. Ein tetrameres

Hb-Molekül (Molmasse 64.500 g/mol) kann also bis zu vier O_2-Moleküle binden, was einer theoretischen „Kapazität" von 1,39 ml O_2/g Hb entspricht. Da Hämoglobin auch in Konfigurationen vorliegt, die kein O_2 binden, ergibt sich bei einem Sauerstoffpartialdruck von $p_{O_2}^B = 100\,mm\,Hg$ eine Konzentration des gebundenen Sauerstoffs von 1,34 ml O_2/g Hb („Hüfnerzahl"). Damit errechnet sich beim Normalwert der Hb-Konzentration im Blut von 150 g Hb/l die an Hämoglobin gebundene Sauerstoff-Kapazität des Blutes zu 201 ml O_2/l Blut. Bei einem Sauerstoffpartialdruck von 40 mmHg in der Pulmonalarterie beträgt die Hb-Sättigung nur 75 % des Maximalwerts, womit sich die Konzentration des gebundenen Sauerstoffs auf 150 ml O_2/l Blut reduziert. Um bei einem Blutfluss von 5 l/min die Hb-Sättigung von 201 ml O_2/l Blut zu erreichen, muss der Sauerstoff-Volumenstrom durch die gemeinsame Basal-Membran 255 ml O_2/min betragen.

Sauerstoff im Blut wird durch Oxidation kohlenstoffhaltiger Verbindungen in den Körperzellen verbraucht und als Reaktionsprodukt entsteht u. a. CO_2. Der CO_2-Partialdruck in den Zellen wird dadurch höher, als der im Blut, wodurch es zu einem diffusiven Transport von CO_2 durch die Membranen der Gewebezellen in den zwischenzellulären Raum und ins Blut kommt. Dadurch erhöht sich der CO_2-Partialdruck im Blut des „Großen Kreislaufs" vom arteriellen Wert (40 mmHg) auf einen venösen Wert von etwa 46 mmHg. Mit den CO_2-Partialdrücken gemäß Abb. 4.11 errechnen sich bei einem Henry-Koeffizienten von $He_{CO_2}(37\,^{\circ}C) = 2201\,bar$ die CO_2-Konzentrationen im Blut am Lungeneingang zu 34,7 ml CO_2/l Blut und am Lungenausgang zu 30,1 ml CO_2/l Blut. Bei einem Blutvolumenstrom durch die Lungen von 5 l/min würden folglich 23 ml CO_2/min des physikalisch gelösten CO_2 in die Expirationsluft übertragen. Durch Hydratisierung des gelösten CO_2 zu Kohlensäure in den Erythrozyten werden jedoch deutlich höhere CO_2-Gehalte im Großen Blut-Kreislaufs erreicht, nämlich 480 ml CO_2/l im arteriellen und 530 ml CO_2/l im venösen Blut. In der Lunge sollten bei einem Blut-Volumenstrom von 5 l/min tatsächlich also 250 ml CO_2/min abgeatmet werden.

Wenn, wie bei einer Herz-Operation, die Lungenfunktion vollständig von einer „Künstlichen Lunge" übernommen werden muss, müssen also bei einem Blutfluss von 5 l/min insgesamt etwa 265 ml O_2/min aus einem Gasgemisch im Blut aufgenommen und etwa 273 ml CO_2/min aus dem Blut in die Gasphase abgegeben werden.

Im Unterschied zu den in Abb. 4.11 angegebenen mittleren Partialdrücken in den Alveolen der menschlichen Lunge, kann in der „Künstlichen Lunge" die Gasphase nach Bedarf eingestellt werden. Beim „Extracorporeal Life Support"

(ECLS-) Verfahren, erfolgt die Zusammensetzung der Gasphase aus einer Mischung von Druckluft und reinem Sauerstoff. Damit kann der Partialdruck in der Gasphase am Eintritt in den Oxygenator für O_2 auf deutliche höhere Werte als in den Alveolen und der Partialdruck für CO_2 auf $p_{CO_2}^G = 0\,mm\,Hg$ eingestellt werden. Dadurch erhöht sich die treibende Kraft für den Stofftransport derart, dass mit einer im Vergleich zur großen Austauschfläche in der Lunge (80–140 m²) sehr kleinen Gasaustauschfläche in Oxygenatoren (z. B. 1,3 m² im Quadrox-i Oxygenator von Maquet) die gewünschten Übertragungsraten zu erzielen sind.

Der Stofftransport durch Membranen in Oxygenatoren mit dem Modell zur Konzentrationspolarisation in Gegenstrom-Verfahren gemäß Abschn. 3.3 wird im Folgenden am Beispiel des Sauerstofftransports erläutert. Gl. (4.33) zeigt für den transmembranen, diffusiven Massenstrom einer Komponente „i" eine direkte Proportionalität zum mittleren Stoffdurchgangskoeffizienten K_{0im}.

$$\dot{M}_{i,diff} = \dot{m}_{i,diff} \cdot A^M = K_{0im} \cdot A^M \cdot \Delta c_{im} \qquad (4.33)$$

Bei Verfahren mit Stoffaustausch zwischen Flüssigphasen errechnet sich dieser aus den Stoffübergangskoeffizienten der Flüssigkeitsgrenzschichten auf beiden Seiten der Membran und der diffusiven Permeabilität der Membran, gemäß Gl. (3.52).

Für die Anwendung in Oxygenatoren, wurde u. a. von Wickramasinghe (2005) durch Versuche mit Vollblut nachgewiesen, dass bei der Verwendung von mikroporösen, hydrophoben Membranen, wie sie z. B. im Oxygenator „Optima XP" von Cobe eingesetzt werden, in denen die Poren mit Gas gefüllt sind, die Stofftransport-Widerstände der Membran und einer gasseitigen Grenzschicht vernachlässigt werden können. Der Stoff*durchgangs*-Koeffizient ergibt sich dann alleine aus dem blutseitigen Stoff*übergangs*-Koeffizienten $\beta_{O_2,m}^B$

$$K_{0,O_2,m} = \beta_{O_2,m}^B \qquad (4.34)$$

Damit errechnet sich die diffusive Massenstromdichte von O_2 durch die Oxygenator-Membran nach:

$$\dot{m}_{O_2,diff} = \beta_{O_2,m}^B \cdot \Delta c_{O_2,m} \qquad (4.35)$$

mit der mittleren logarithmischen Konzentrationsdifferenz

$$\Delta c_{O_2,m} = \ln\left(\Delta c_{O_2a} / \Delta c_{O_2w}\right) \qquad (4.36)$$

Ein entsprechend modifiziertes Modell des diffusiven Stofftransports von Sauerstoff aus der Gasphase ins Blut zeigt Abb. 4.12.

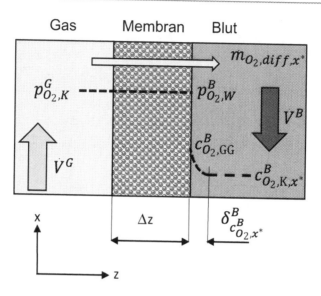

Abb. 4.12 Modell für den Stofftransport aus der Gas- in die Flüssigphase (Blut) in einem Membranelement mit einer porösen, hydrophoben Membran. (Eigene Darstellung)

Dabei wird davon ausgegangen, dass der gasseitige Partialdruck durch die Poren wirkt und sich direkt an der Phasengrenze, also an der Membranoberfläche, die der Blutseite zugewandt ist, ein stoffliches Gleichgewicht $\left(p_{O_2,K}^G = p_{O_2,W}^B\right)$ einstellt. Die Gleichgewichts-Konzentration an der Membranoberfläche $c_{O_2,GG}^B$ errechnet sich unter der Annahme, dass die physikalische Löslichkeit von O_2 in Plasma der in Wasser entspricht aus (Gl. 4.32) zu:

$$c_{O_2,GG}^B = \left(p_{O_2,W}^B \big/ He_{O_2}(T) \cdot \left(\tilde{M}_{O_2} \cdot \varrho_{H_2O} \big/ \tilde{M}_{H_2O}\right)\right) \tag{4.37}$$

$\tilde{M}_{H_2O}$ ist die Molmasse von Wasser, $\tilde{M}_{O_2}$ die Molmasse von Sauerstoff und ϱ_{H_2O} die Dichte von Wasser. Die treibende Kraft für die lokale O_2-Massenstromdichte $\dot{m}_{O_2,diff,x^*}$ durch die blutseitige Grenzschicht ist der örtliche Konzentrations-gradient zwischen dieser Gleichgewichts-Konzentration $c_{O_2,GG}^B$ an der Membran-oberfläche und der lokalen, mittleren Konzentration im Blut c_{O_2,K,x^*}^B. Diese lokale Konzentrationsdifferenz in der blutseitigen Grenzschicht ändert sich über die Länge der Hohlfasermembran (Koordinate x), wie folgt: am Eintritt des Blutstroms in den Oxygenator ergibt sich die Differenz von Gleichgewichts- und Eintritts-konzentration:

$$\Delta c_{O_2\alpha} = c_{O_2,GG}^B - c_{O_2,ein}^B, \tag{4.38}$$

entsprechend ist die Konzentrationsdifferenz am Austritt zu berechnen aus:

$$\Delta c_{O_2w} = c_{O_2,GG}^B - c_{O_2,aus}^B \tag{4.39}$$

Damit erhält man für die mittlere, logarithmische Konzentrationsdifferenz in der blutseitigen Grenzschicht folgende Beziehung:

$$\Delta c_{O_2m} = \ln\left(c_{O_2,GG}^B - c_{O_2,ein}^B\right) / \left(c_{O_2,GG}^B - c_{O_2,aus}^B\right) \tag{4.40}$$

Die Versuche von Wickramasinghe (2005) zeigen, dass für eine spezielle Anordnung der Hohlfasern im Oxygenator mit im Kreuzstromprinzip verlegten Hohlfaser-Matten der blutseitige Stoffübergangskoeffizient für O_2 in der Blut-grenzschicht der üblicherweise außen umströmten Hohlfasern aus der folgenden Sherwood-Beziehung ermittelt werden kann:

$$Sh_{O_2m}^B = \beta_{O_2m}^B \cdot d_h / D_{O_2}^B = 0{,}8 \cdot \left(Re^B\right)^{0,59} \cdot \left(Sc^B\right)^{1/3} \tag{4.41}$$

$$Re^B = w^B \cdot d_h / v_j^B \tag{4.42}$$

$$Sc^B = v^B / D_{O_2}^B, \tag{4.43}$$

mit einem hierfür speziell definierten hydraulischen Durchmesser d_h, der den (nicht kreisförmigen) Strömungs-Querschnitt für das Blut außerhalb der Hohl-fasern beschreibt, mit der Reynoldszahl Re^B und mit der Schmidtzahl Sc^B.

Wie dieser Transport von Stoffdaten, geometrischen Größen und Betriebsgrö-ßen abhängt, kann durch die funktionalen Zusammenhänge des blutseitigen Stoff-übergangskoeffizienten, wie er sich aus den Gl. (4.41 bis 4.43) ableitet gezeigt werden

$$\beta_{O_2m}^B = 0{,}8 \cdot \left(Re^B\right)^{0,59} \cdot \left(Sc^B\right)^{1/3} \cdot D_{O_2}^B / d_h \tag{4.44}$$

$$\beta_{O_2m}^B = 0{,}92 \cdot \left((w^B)^{0,59} \cdot \left(D_{O_2}^B\right)^{0,67}\right) / (d_h^{0,41} \cdot (v^B)^{0,26}) \tag{4.45}$$

Der blutseitige Stoffübergang kann demzufolge gesteigert werden, durch Erhöhung der Blutgeschwindigkeit w^B, durch Verbesserung der Diffusivität $D_{O_2}^B$ in der Blut-Grenzschicht und durch Reduktion des Äquivalentdurchmessers d_h im Blut-Strömungskanal.

Die Berechnung des CO_2- Stofftransports erfolgt analog zu der für O_2, allerdings ist zu beachten, dass die treibende Kraft für den Transport von CO_2 aus der Blut- in die Gasphase ein Partialdruck-Gradient ist, der im Modell gemäß Abb. 4.12 dargestellt eine lokale, mittlere Konzentration $c^B_{CO_2,K,x^*}$ zeigt, die größer ist, als die Konzentration an der Wand $c^B_{CO_2,GG}$. Letztere wird bei einem vernachlässigbaren Partialdruck von CO_2 in der Gasphase, die dem Oxygenator zuströmt, gegen Null gehen.

Der Bedeutung der Diffusivität in der blutseitigen Grenzschicht wird in modernen Membran-Oxygenatoren durch geeignete Gestaltung des Blutströmungskanals v. a. im Bereich der Membranoberfläche bereits Rechnung getragen (s. z. B. Nagase et al. 2005). Dabei hat das Wissen um die Abhängigkeit des Stofftransports vom hydraulischen Durchmesser d_h für die Gestaltung von Modul und Membranhohlfaseranordnung eine wichtige Rolle gespielt. Mit derart vom Hersteller optimierten Oxygenatoren können die Betreiber noch über die Wahl des Blut-Volumenstroms und der Konzentrationen des Gasgemischs die erforderlichen Gas-Austausch-Volumenströme beeinflussen und patientenspezifisch anpassen.

Schluss 5

In allen hier vorgestellten Beispielen extrakorporaler Behandlungsverfahren ist der Patient während der Behandlung über Blutschläuche mit einer Maschine verbunden. Bei akuten Organversagen dient die Behandlung im Wesentlichen der Überbrückung einer Zeit, bis das kranke Organ sich regeneriert hat, ein Spenderorgan für die Transplantation zur Verfügung steht, oder die akute in eine chronische Behandlung übergeht. Entsprechend ergeben sich Behandlungszeiten von einigen Stunden bis zu mehreren Tagen.

Der Ansatz in diesem *essential* basiert auf dem Verständnis der wichtigsten Funktionen der zu ersetzenden Organe, über das sich individuelle „Leistungsmerkmale" für jedes Künstliche-Organ-Verfahren definieren lassen. Die Eigenschaften der auszutauschenden Stoffe bestimmen die Auswahl der dafür nötigen Membranen. Und weil dieses *essential* den Anspruch hat, über die rein phänomenologische Beschreibung der Verfahren hinaus deren Effizienz bewerten zu können, liegt der Schwerpunkt hier auf der Modellierung des Stofftransports von Komponenten über die für das jeweilige Verfahren geeignete Membran.

Dazu werden zunächst in Kap. 2 die Herstellung und die Klassifizierung von Membranen vorgestellt. Über Modelle an differenziellen Membranelementen werden in Kap. 3 funktionale Zusammenhänge zwischen angestrebten „Zielgrößen" eines Verfahrens (Filtrations-, Diffusionsströme, usw.) und Betriebsgrößen (Blutfluss, Transmembrandruck, usw.), Stoffdaten (Viskosität, Molmasse, Konzentration, usw.) und geometrischen Daten (Abmessungen der Hohlfasermembranen) abgeleitet. Die aus den Modellen am Membranelement abgeleiteten Ergebnisgleichungen für jede Anwendung (s. Kap. 4) ermöglichen es dann einerseits dem betreuenden, medizinisch und gerätetechnisch geschulten Personal, Betriebsparameter an die jeweiligen, oft auch patientenspezifischen Parameter sinnvoll anzupassen und damit die Behandlung individuell zu optimieren.

© Springer Fachmedien Wiesbaden GmbH, ein Teil von Springer Nature 2019
M. Raff, *Membranverfahren bei künstlichen Organen*, essentials,
https://doi.org/10.1007/978-3-658-28053-6_5

Andererseits helfen sie Herstellern von Membranen und Modulen Ihre Produkte zu verbessern, wenn wegen neuer medizinischer Erkenntnisse, z. B. der Notwendigkeit zur Entfernung von β_2-Mikroglobulin bei dialyseassoziierter Amyloidose, oder durch wirtschaftliche Zwänge über Veränderungen nachgedacht werden muss.

Die rasant fortschreitende Digitalisierung unserer Welt verleitet gerne dazu nur noch verstehen zu wollen, wie vorhandene Software anzuwenden ist. Dies birgt die Gefahr, dass man mit Ergebnissen konfrontiert wird, die ohne ein Verständnis für die Zusammenhänge nicht bewertet werden können. Für eine Einschätzung der Ergebnisse ist es hilfreich, ein Gefühl für die Größenordnung der Zielgrößen zu haben und dies geht in wenigen Schritten über die Anwendung der hier beschriebenen Ergebnisgleichungen.

Da die gewählten Beispiele der Künstlichen Organe spezifischen Randbedingungen unterliegen, können die Ergebnisgleichungen auch nur unter bestimmten Voraussetzungen für nichtmedizinische Anwendungen angewandt werden. Neben den sich ändernden Stoffdaten sind bei technischen Anwendungen auch andere Betriebsbedingungen (höhere Flüsse, Temperatur und Drücke) möglich und Gleichungen entsprechend anzupassen.

Dieses *essential* ist also insofern auch eine „Allgemeine" Einführung in das Fachgebiet der Membranverfahren, als die Vorgehensweise zur Ermittlung von Ergebnisgleichungen erläutert wird und Phänomene, wie die Konzentrationspolarisation dieselben bleiben. Interessierte Studierende, Berufstätige und Dozenten mit Kenntnissen in Strömungslehre, Physikalischer Chemie und Verfahrenstechnik können die hier vorgestellten Modelle nutzen, darauf aufbauen und beim Einstieg in die in vielen Bereichen realisierten, aber auch für viele aktuelle Aufgaben (Proteine, Hormone und Antibiotika aus Abwässern entfernen, blasenfreies Begasen aerober Fermentationen ermöglichen, usw.) sehr interessante, potenzielle Anwendungen von Membranverfahren unterstützen.

Was Sie aus diesem *essential* mitnehmen können

- Merkmale von Polymer-Membranen als Basis für Stofftransport-Modelle verstehen
- Aus Zusammenhängen zwischen organspezifischen Anforderungen und Betriebs-, Stoff- und geometrischen Größen Potenziale zur Optimierung extrakorporaler Verfahren hinsichtlich Leistung und Wirtschaftlichkeit erkennen
- Prinzipien zur Vorgehensweise bei Auslegung und Bewertung von Membranverfahren (auch für technische Anwendungen) kennenlernen

© Springer Fachmedien Wiesbaden GmbH, ein Teil von Springer Nature 2020
M. Raff, *Membranverfahren bei künstlichen Organen*, essentials,
https://doi.org/10.1007/978-3-658-28053-6

Literatur

Baxter (o. J. a) Primaflex-System for Critical Care: USMP/MG120/18-0021(1), Broschüre. https://www.baxter.com/healthcare-professionals/critical-care/prismaflex-system-critical-care. Zugegriffen: 5. Sept. 2019

Baxter (o. J. b) Prismaflex Hemofilter Set: 306100279_1 2009.09. Gambro Lundia AB, Broschüre. https://www.baxter.com/sites/g/files/ebysai746/files/2018-11/USMP_MG120_14-0004%283%29_Prismaflex%2BHF%2BSeries%2BSpec%2BSheet_FINAL.pdf. Zugegriffen: 5. Sept. 2019

Boschetti-de-Fiero A, Beck W, Hildwein H, Krause B, Storr M, Zweigart C (2017) Membrane innovation in dialysis. Contrib Nephrol Basel 191:100–114. https://doi.org/10.1159/000479259

Colton CK (1987) Analysis of membrane processes for blood purification. Blood Purif 5:202–251

Eloot S (2004) Experimental and numerical modelling of dialysis, PhD dissertation, Ghent University

Eloot S, De Wachter D, Vienken J, Pohlmeier R, Verdonck P (2002) In vitro evaluation of the hydraulic permeability of polysulfone dialysers. Intern J Art Org 26(2):210–218

Faller A, Schünke M (1999) Der Körper des Menschen. Thieme, Stuttgart

GEA (o. J.) GEA-Broschüre: Membranfiltration. https://www.gea.com/de/binaries/membranfiltration-ultrafiltration-nanofiltration-mikrofiltration-umkehrosmose-gea_tcm24-34841.pdf. Zugegriffen: 5. Sept. 2019

Göhl H, Konstantin P, Gullberg CA (1982) Hemofiltration membranes. Contr Nephr 32:20–30

Kraume M (2012) Transportvorgänge in der Verfahrenstechnik. Springer, Berlin

Krause B (2003) Polymeric membranes for medical applications. CIT 75(11):1725–1732

Lévêque A (1928) Les lois de la transmission de chaleur par convection. Ann Mines 13:201–299, 305–362, 381–415

Melin T, Rautenbach R (2007) Membranverfahren. Springer, Berlin

Meyer TW, Leeper EC, Bartlett DW, Depner TA, Zhao Lit Y, Robertson CR, Hostetter TH (2004) Increasing dialysate flow and dialyzer mass transfer area coefficient to increase the clearance of protein-bound Solutes. J Am Soc Nephrol 15:1927–1935

Michaels AS (1966) Operationg parameters and performance criteria for hemodialyzers and other membrane-separation devices. Trans Amer Soc Artif Int Org 12:387–392

© Springer Fachmedien Wiesbaden GmbH, ein Teil von Springer Nature 2020
M. Raff, *Membranverfahren bei künstlichen Organen*, essentials,
https://doi.org/10.1007/978-3-658-28053-6

Mißfeldt M (o. J.) Abbildung Bilirubin. https://www.blutwert.net/bilirubin/bilder/bilirubin-kreislauf.png. Zugegriffen: 5. Sept. 2019

Nagase K, Kohori F, Sakai K (2005) Oxygen transfer performance of membrane oxygenator composed of crossed and parallel hollo fibers. Biochem Eng J 24:105–113

Neggaz Y, Lopez Vargas M, Ould Dris A, Riera F, Alvarez R (2007) A combination of serial resistances and concentration polarization models along the membrane in ultrafiltration of pectin and albumin solutions. Sep Purif Techn 54:18–27

Nevens F, Laleman W (2012) Artificial liver support devices as treatment option for liver failure. Best Pract Res Clin Gastroenterol 26:17–26

Organspende (o. J.) Statistiken zur Organspende für Deutschland und Europa. https://www.organspende-info.de/infothek/statistiken. Zugegriffen: 5. Sept. 2019

Peinemann K, Nunez S (2008) Membranes for the life sciences, Bd 1. Wiley-VCH, Weinheim

Raff M, Welsch M, Göhl H, Hildwein H, Storr M, Wittner B (2003) Advanced modeling of highflux hemodialysis. J Membr Sci 216:1–11

Raff M, Ertl T, Krause B, Storr M, Göhl H (2006) Mass transfer in artificial liver membrane devices. Desalination 199:234–235

Reimann A, Betz S, Raff M (2004) Removal of albumin bound toxins by extended dialysis. J Am Soc Nephrol 15:1927–1935

Stange J, Ramelow W, Mitzner S, Schmidt R, Klinkmann H (1993) Dialysis against a recycled albumin solution enables the removal of albumin-bound toxins. Artif Organs 17(9):809–813

Stamatialis DF, Papenburg BJ, Girones M, Saiful S, Bettahalli NM, Schmitmeier S, Wesseling M (2008) Medical applications of membranes: drug delivery, artificial organs and tissue engineering. J Membr Sci 308:1–34

Wickramasinghe SR, Han R, Garcia JD, Specht R (2005) Microporous Membran Blood Oxygenators. AICHE J 51(2):656–670

Wüpper A, Dellana F, Baldamus CA, Woermann D (1997) Local transport process in high-flux hollow fiber dialyzers aus den Modellen. J Membr Sci 131:181–193

Zweigart C, Neubauer M, Storr M, Böhler T, Krause B (2010) Progress in the development of membranes for kidney-replacement therapy. In: Drioli E, Giorno L (Hrsg) Comprehensive Membrane Science and Engineering. Elsevier, Amsterdam